"不节食不反弹的瘦身餐"

[韩] 朴祉禹 著
程 匀 译

U0151387

中国轻工业出版社

因为美味，所以成功
——人生中最后一次减肥

作为一个一直在"有点胖"和"太胖了"之间徘徊的天生胖妞，从小到大我几乎把所有减肥方法都试了一遍。因为减肥的心情总是很迫切，所以我尝试的大都是像"单一食物减肥法"或"哥本哈根减肥法"这样的快速瘦身法。可是这些方法不但没让我瘦下来，反而加剧了体重反弹，身体素质也变得越来越差。想"达到"瘦身的目的，却"失去"了健康，真是一件既危险又得不偿失的事。

经常减肥的我，也曾有过几次短暂的成功，不过瘦下来的方法主要靠"饿"。时间短则几天，长则达一个月。只有实在饿得不行了才会简单吃点东西，然后再继续饿着。靠着这个狠方法，我也确实减重不少。看着镜子里那个瘦下来的自己，不免陶醉其中，也就不管这个方法是对是错，对身体是好是坏了。

但是接下来问题出现了。每当觉得体重减得差不多的时候，恰恰是意志力最薄弱的时候。一旦重新开始正常饮食，暴饮暴食只是时间问题。一直靠意志力艰难抵抗着的那些美食仿佛如潮水般向我涌来，我变得比减肥前还要嘴馋、还要能吃。就这样，我在挨饿与暴食之间反反复复，体重反弹也经历了数十次，直到身体健康发出预警信号，我才开始产生怀疑。

我为什么要用这么危险的方法减肥呢？

一直以来，对于我喜欢的人和我周边的朋友，我都全身心对待。可是回过头来，却发现我忽视了最应该珍惜和关爱的人，那就是我自己。只关注身体的外在因素——外表，却忽视了身体最重要的内在因素——健康。在经历了数十次短时间减肥所带来的不良反应和减肥失败后，我才下定决心，要用珍惜爱护身体的方式去瘦身。

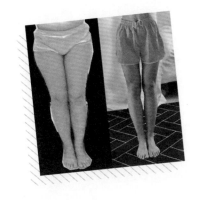

最后我选择了"高蛋白低碳水"的饮食疗法。因为我知道，靠"饿"减肥百分之百会体重反弹，只有采取合理饮食，使"馋"的心理得到适当满足，减肥才具有可持续性。不过在这一过程中，我也曾犯过错。最开始我以为只能吃鸡胸肉、红薯和蔬菜，于是天天吃、顿顿吃，结果一段时间后食欲暴增，又开始了暴饮暴食，体重也无情地反弹了。后来，我开始学着用健康的食材烹饪出适合自己口味的各式菜肴，而不只是光拣对身体好的食物来吃了。

只有饭菜好吃，减肥才能成功！

首先，我以自己平时爱吃的或是去外面吃饭爱点的菜为目标食谱，琢磨如何用健康的食材来代替。毕竟只有吃到平时爱吃的饭菜，才能开心地减肥。然后，我开始研究这些健康食材的味道和营养成分，找出那些既美味又营养的食材。比如，光吃又干又柴的鸡胸肉肯定坚持不了多久，但可以用鱿鱼、大豆、豆腐等富含动物蛋白或植物蛋白的食物来代替鸡胸肉，补充人体所需蛋白质。此外，"低碳水饮食法"并不是一味减少碳水化合物的摄入，而是选择优质碳水食物，适当地分成早餐和晚餐，分时间段补充，这样既兼顾了健康，也有效防止了暴饮暴食。

每顿饭都像招待客人一样认认真真自己做，慢慢地，我的身体开始出现了积极的变化。一边享受着美食和做饭的乐趣，一边感受着瘦身成功带来的开心和成就感，"爱自己"的感觉也越来越强烈。从圆到尖的脸形，越来越紧致的身体轮廓，逐渐消失不见的小肚子，越来越修长的身形，看着镜子里的自己，我更加坚定了采用饮食疗法的信心。最终，通过高蛋白低碳水的饮食疗法，我成功减重22千克，并且在6年后也一直保持着适当的体重和健康的饮食习惯。

培养可以毫不费力坚持下去的饮食习惯

在经历多次减肥失败，最终靠高蛋白低碳水饮食疗法瘦身成功的过程中，我明白了一个道理。比减肥更重要的，是保持减肥时的习惯，而要想持续保持住这个习惯，就要找到具有可持续性的、适合自己的饮食方法。也就是说，"饮食习惯的改变"才是减肥的核心。

我以前特别喜欢吃辣冷面等味道比较刺激的食物。虽然现在偶尔吃一次也会觉得很好吃，但因为钠的过多摄入，身体会有些浮肿，肠胃也会觉得烧得慌。以前的我只关注身体呈现出来的外在形象，但现在的我能随时感知身体内部出现的各种细微变化，我认为这是我更了解自己的身体、更爱自己身体的结果。知道身体会不舒服，就不会像以前那样经常吃刺激性的食物。饮食方法变了，口味也变了，是不是很神奇？

另外，还有一个能让我持续保持6年这种饮食习惯的因素，就是社交网站。当我把我开发的食谱和我身体变化的照片发到网上以后，得到了特别多网友的支持，他们的支持成为我最大的动力。而且能和大家分享我自己开发的食谱，一起交流切磋，也是快乐所在。在这一过程中，我感到不但我的身体更加健康了，我的内心也越来越健康了。

希望正在看这本书的你，也能尽早找到保持健康饮食习惯的原动力。

妈妈用我的饮食疗法也瘦了17千克！

还有一件特别神奇的事。当时我和妈妈按照我第一本书里的食谱做饭、吃饭，妈妈居然在两年的时间里瘦了大约17千克，而且也没有任何反弹。

最让妈妈开心的是，不但减肥成功，她还找回了曾经的健康和活力。看着越来越健康的妈妈，我也觉得更幸福了。

当然也会有人质疑，"每天都享受着健康减肥的快乐"——这种事真的存在吗？其实换做以前的我，也不相信天底下还有这种好事，因为那时候我所理解的减肥，就是少吃或不吃，是一个痛苦的过程。然而只有经历了才知道，真正的减肥并不是那样。

以减重为唯一目标，想吃的食物不敢吃，运动就一定要累到精疲力竭，这绝对不是值得推荐的减肥方法。如果你这样做，快速减下来的肉，会以更快的速度长回来。我们要学会倾听身体的"声音"，吃健康的食物，坚持自己喜欢的运动并从中感受到成就感，这些才是成功减肥的必备因素。就像我们喜欢一个人时会好奇他的方方面面，对于我们自己的身体，也要方方面面都关注到，不只是外表，更重要的是内在。如果能做到这一点，减肥是自然而然的结果，同时还能收获更健康的身体和更积极向上的心态。

一分钟就卖光的烹饪课食谱都在这本书里了！

虽然已经出版了两本食谱书，但我还在不断精进我的烹饪手艺，不断想出新点子，不断"升级"菜肴的味道。在烹饪教学的过程中，学员们的反馈也给了我很多启发，激励着我不断开发出更多更好的食谱，所以就有了这第三本全新的食谱书。希望能有更多朋友按照新书里的做法吃好喝好，越吃越瘦！

只用一只平底锅和一把剪刀，"刷碗任务"非常轻松的平

底锅食谱、简单快速就能完成的微波炉食谱和空气炸锅食谱、充分利用冰箱里各种蔬菜囤货的素食食谱，还有便当食谱、一周备餐食谱、零食食谱……总之，花样多到永远吃不腻的101种美食的做法都在这本书里了。

希望大家能更加关注自己的身体健康，能亲手做出健康的美食，在享受各种乐趣的过程中成功减肥。我开发的这些好吃的瘦身食谱只要对你能有所帮助，哪怕是微不足道的帮助，我也会很开心。期待所有人都能体会到没有心理压力、不会饿肚子、边享受美食边减肥的瘦身方法所带来的身体和心理的双重"快乐"，我会不遗余力地开发出更多更实用的食谱，直至那一天的到来。

朴祉禹

다이어 박지우

Σ 目 录 Σ

PART 1   能轻松做出所有美食的锅

平底锅

PART 2   简单快速制作美食的热门小家电

微波炉和空气炸锅

PART 3   品尝丰富美食的乐趣

各国家常菜

PART 4

一下午都不会饿的

便当

PART 5

呵护健康，保护环境的

素食

PART 6　一次做好一周的饭

提前备餐

PART 7　有效防止暴饮暴食，治愈嘴巴寂寞的

零食

我的称量法

粉末类

1勺   1/2勺   1/3勺

液体类

1勺   1/2勺   1/3勺

酱料类

1勺

1/2勺

1/3勺

纸杯称量

液体1杯

粉末1/2杯

坚果类1/2杯

手指称量

少许（用指尖取一点儿）

一把

我的常用食材

燕麦片

"我要开始健康饮食了，需要买点什么吃呢?"每次被问到这个问题，我最先推荐的就是燕麦片。燕麦粒经过干燥、碾平等处理后，变成升糖指数低的优质碳水化合物。它不但富含蛋白质和膳食纤维，丰富的钙元素还有助于人体排钠。燕麦片的种类有很多，我主要买快熟燕麦片和生燕麦片这两种。快熟燕麦片颗粒较小，比较细碎，烹煮时间短;生燕麦片颗粒较大，吃起来有韧性、有嚼劲。用燕麦代替米或面粉，可以制作出韩国传统粥、西式燕麦粥、饼坯、面包和饼干等无穷无尽的美食。燕麦方便储存，烹饪方法简单，可以说是"万能食材"，特别适合需要自己做饭的学生党或上班族。如果你对燕麦存在"味同嚼蜡，什么味儿都没有"的误解，就让我用书里的各种菜谱来改变你的观念吧。

纳豆

纳豆是世界五大健康食品之一，含有丰富的蛋白质、维生素、矿物质、膳食纤维和有益菌。纳豆可冷藏也可冷冻，若能在一周内吃完，放进冷藏室即可，但如果预计保存期限内吃不完，买来后最好直接冷冻，因为冷藏的纳豆会继续发酵，临近保存期限时容易发酵过度，如果这时候再冷冻，解冻后会有苦味。纳豆加热会导致营养成分流失，冷冻的纳豆最好提前一天放进冷藏室慢慢解冻，或在室温下放置几个小时自然解冻再吃。如果特别着急，也可以用微波炉加热15秒。

吃之前，需要用筷子搅拌至少20下，直到能拉出长长的白丝，这样才能吃到纳豆的精华——纳豆激酶。如果你不喜欢纳豆黏黏的口感和特殊的味道，可以搭配爽口的蔬菜、泡菜或水果一起吃，我书里的纳豆食谱有很多，不妨参考一下。

鹰嘴豆

豆类食品种类丰富，鹰嘴豆算是其中蛋白质含量高、豆腥味低且味道很香的一种。鹰嘴豆需要先泡发3~6小时，然后在水里放少许盐煮熟，捞出后沥干，放在冰箱冷冻保存。泡发时间过长会影响味道，可以睡觉之前泡上，早上起来煮。虽然处理起来有点麻烦，但一次可以多煮一些，分成小份冷冻保存，想用的时候随时拿出来一袋即可。当然如果工作太忙或嫌麻烦，也可以直接买鹰嘴豆罐头。

冷冻生鸡胸肉

减肥时最常吃的高蛋白低脂肪部位。虽然即食鸡胸肉吃起来比较方便，但如果经常在家做饭，也是一笔不小的花销，而且里面的食品添加剂也会让我产生顾虑（现在也有不少新出的即食类食品只使用很少的添加剂，大家购买时可以注意一下成分表）。所以除了即食鸡胸肉，我还会在冰箱中常备保存时间长的冷冻生鸡胸肉。需要用时提前一天放进冷藏室解冻，或直接泡在水里解冻，非常方便。

熏鸭

熏鸭富含蛋白质和不饱和脂肪酸，吃腻了鸡胸肉的时候我常常会想起它。但熏鸭或红色的加工肉类大都含有致癌物质亚硝酸盐。不过万幸的是，这些添加物都是水溶性的，用水焯烫就会消失。为了去除有害物质，也为了减少哪怕只有一丁点儿的脂肪摄入，大家一定要记得：吃熏鸭或加工肉类之前先用开水焯烫一下。

尖椒、洋葱和大蒜

"辣味三剑客"也要在家中常备。减肥时不能吃太多过咸或刺激性的食物，这份"空虚"需要用辣爽的蔬菜来填补。尖椒可以切碎放进冰箱冷冻保存。洋葱需要剥去外皮，切掉根部，但不要水洗，只需把根部切面的水分擦干，放进密封袋，冷藏保存即可，这样可以比带皮的洋葱保存更长时间。大蒜可以用厨房纸巾包起来，放进装有大量白糖的密闭容器里。白糖可以吸收容器内产生的湿气，有利于大蒜的长时间保存。

冷冻混合蔬菜

担心买的菜一次用不完或懒得洗菜、择菜时，冷冻混合蔬菜就派上了大用场，可以用在炒饭或微波炉料理等各种菜肴中。这样备菜时间大幅减少，又因为易熟，烹饪时间也大大缩短，是快手菜的好帮手，非常适合怕麻烦人士。建议尽量避开转基因食品，选择有玉米或大豆的有机冷冻混合蔬菜。

番茄酱

在各式各样的菜肴中加一勺番茄酱，能立马起到提色增香的作用。我现在会有意选择番茄含量高且添加剂少的有机产品或婴幼儿可食用产品，即便价格可能会贵一些。番茄酱不含化学防腐剂，时间长了会发霉，可以把它分装在硅胶冰盒里冷冻，需要用时拿一块出来即可，非常方便。

推荐几个"时髦"的食材

天贝

天贝是发源于印度尼西亚的一种大豆发酵食品，每100克含有19克蛋白质，植物蛋白含量非常高。一般的大豆发酵食品如韩国的清国酱或日本的纳豆，或多或少会有较刺鼻的味道，但天贝不但吃起来很香，而且口感软糯，好像奶酪一般。我主要从网上购买用非转基因大豆生产的天贝，放在冰箱中冷冻保存。需要用时提前30分钟拿出，放于室温环境或用微波炉解冻。烤着吃比生吃要美味，也可以做成各式各样的菜肴。

低卡面条

担心普通面条碳水化合物含量高的话，魔芋面是不错的替代品。但是魔芋会有种特殊的味道，和其他菜搭配在一起吃也不太协调，所以我很少用到它（用热水焯烫或用油炒过之后，特殊味道会减轻不少）。后来我找到一种用鹰嘴豆粉和熟豆粉制成的低卡面条，既没有魔芋的特殊味道，口感也很顺滑，而且不用过水，开袋后沥干水分就能直接食用，非常方便。我主要的购买途径是网购。

木斯里

与添加了糖和油的谷物麦片或格兰诺拉麦片不同，木斯里中的糖和其他添加物非常少，主要由燕麦粒碾平后形成的麦片、各种谷物、坚果、水果干等组成，味道天然，含有丰富的膳食纤维和无机物。40克木斯里搭配牛奶或酸奶就是一顿像样的早餐，它也可以作为制作其他健康餐的基础材料。木斯里是干燥类食物，需要密封在室温下保存。

菜花饭

现在欧美国家流行用低热量、低碳水化合物的菜花饭代替白米饭。因为它的颗粒大小、口感和外形都和大米很相近，可以广泛用于各类菜肴中。平时在家可以自己将菜花剁碎使用，但买几袋冷冻的菜花饭放在冰箱里，用起来会更方便，可以用来煮粥或做炒饭。

营养酵母

在素食人士中非常流行的营养酵母富含B族维生素，可作为奶酪的替代品。做菜的时候撒一点儿，既提升味道，又能补充优质蛋白。生吃会有些土腥味，可能有些人会吃不惯，但把它当作奶酪撒一勺在意式焗饭或意大利面上加热以后吃，味道会变得香甜可口。

香草（苹果薄荷、迷迭香、罗勒等）

摆盘也是制作美食的乐趣之一。毕竟看上去好看的食物，味道应该也不会差。嫩绿色的香草作为菜品的点缀，不但提升整个菜品的完成度，拍出来的照片也更漂亮，而且香草的淡淡香味也会使我们的心情更加愉悦。香草可在超市或网上购买，但如果家里阳光好，自己栽上一小盆也不错。如果手边没有香草，可以把苏子叶切成细丝代替使用。

三明治、卷饼和紫菜包饭的食材预处理

需要切丝或撕成细丝的食材

胡萝卜

将胡萝卜斜放在擦丝器上面，这样可以擦出更长的丝，而且更快更省力。又细又长的胡萝卜丝方便拿取且形状整齐，不论放在三明治还是卷饼或紫菜包饭里，都可以摆得比较厚。胡萝卜可以生吃，但用橄榄油煸炒一下，其含有的脂溶性维生素更易被人体吸收。

洋葱

洋葱如果切得大小粗细不一，摆放时容易滑来滑去，最好用刀或擦丝器处理成比较细的丝。如果不喜欢太辣的洋葱，可以用水泡一会儿捞出，用厨房纸擦干再用。

黄瓜

黄瓜水分比较足，更适合用削皮刀削成宽条状，这样横竖交叉地摆放在三明治里会很整齐。如果不是马上吃，要做成三明治便当的话，用削皮刀削到瓜瓤部分时，最好用小勺把瓜瓤部分挖掉再接着削。如果是做紫菜包饭或卷饼，可以先将黄瓜对半切开，用小勺把瓜瓤部分挖掉，然后再对半切成条，这样处理后的黄瓜水分会比较少，不会潮乎乎的。

鸡胸肉和蟹肉棒

可以用手撕开的高蛋白食材就干脆用手撕好了。撕得厚一点儿也没关系，这样更有嚼头。但如果你想让切面看起来更漂亮，就得尽量撕得细一些。

可以整个放进去的食材

绿叶菜、奶酪和豆腐
外形整齐或比较薄的食材可以直接入菜。

奶酪片
奶酪片适合最先放在面包片或墨西哥卷饼上，这样可以有效隔离其他食材中的水分。

绿叶菜
制作三明治、卷饼和紫菜包饭时，绿叶菜的摆放顺序一般会先出现在第二或第三的位置，之后继续摆放其他食材，最后再用绿叶菜把其他食材盖起来，这样可以把其他食材的水分严严实实地包裹住。绿叶菜清洗干净后，需用厨房纸巾或蔬菜脱水器把水分尽可能去除掉。要想切面漂亮，切菜时要把菜叶横着放、纵向切。

辣椒
切辣椒的时候也要横放纵切，这样切面才是一个个小圆圈，比较漂亮。

煎蛋
要想拥有完美的三明治切面，位于中心位置的半熟太阳煎蛋是关键！

热锅中倒少许油，打入鸡蛋。若想使蛋黄居中，需要在鸡蛋定形前，用筷子快速把蛋黄推到中间，并等待几秒使其固定。底面完全煎熟后翻面，把火关掉，用余温将另一面闷到半熟即可。

需要切成合适大小的食材

番茄、苹果、猕猴桃和牛油果
这几样都是外形颜色俱佳且口感很好的食材。使用时切成3～5毫米薄厚一致的片即可。三明治里有了它们，既好吃，切面也好看。

学会这个公式，
谁都可以做出圆鼓鼓的三明治

三明治专卖店的秘诀："俄罗斯方块"式蔬菜搭配法

拒绝潮乎乎的三明治

要选择水分含量低的或能起到阻隔水分作用的食材制作三明治。面包上面首先要放奶酪片，最后盖上另一片面包之前要放绿叶菜。

远离食材一股脑儿堆在中间的便利店三明治

"地基"打好，各种食材有序码放，才能保证从第一口到最后一口都可以完美吃到所有食材。食材之间不要留有缝隙，可以用筷子帮忙，先码放"需要切成合适大小的食材"，再码放"可以整个放进去的食材"，这样会比较稳固。

告别切面不好看的三明治

往三明治里码放食材时，要考虑颜色搭配，颜色近似的材料不要放在一起，尽量间隔摆放。另外考虑到切面的整齐度，中间位置看得到的食材要码放整齐，看不见食材要码放稳固，"各司其职"。特别是煎蛋，一定要把蛋黄摆在中心位置。

三明治包装法

一面有黏性的防油纸比普通防油纸更好操作。

防油纸如果沾了水或油，附着力会下降，包之前最好将手擦干。

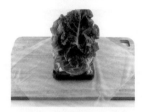

1 将防油纸裁成正方形，把有黏性的一面朝下铺平，依次将面包片和各种食材码放整齐，最后再用另一片面包"封顶"。

2 一只手轻轻按住三明治，把防油纸左右两边向中间折起。第一层防油纸不要包得太紧，只要把三明治固定住即可。

3 把防油纸上下两边向中间折起，这样三明治的四个方向就都包好了。

4 按住中心重叠的位置，将整个三明治翻个面。

5 再裁一张正方形的防油纸，这次将有黏性的一面朝上，然后把刚才翻过面的三明治直接放在纸面中央。

6 和刚才一样，按照先左右、再上下的顺序包好。

7 用两只手把三明治的四条边轻轻捋一遍，排出空气，让防油纸能贴得更紧。

8 判断下刀的方向，确保露出切面好看的部分，然后将三明治从中间一切为二。

用专门的切面包刀，切出来的切面最平整、利落。如果用普通切菜刀，要把刀背竖直，像锯东西一样来回向下切。

最后一口也完美的
墨西哥卷饼"最佳公式"

如何制作厚实的墨西哥卷饼：食材的选择与"俄罗斯方块"公式

饼皮面积越大越好

大张的饼皮最好卷。如果没有那么大的，可以把两张饼皮部分重叠搭在一起用。粗如小臂的卷饼可以从中间切开，分成两顿食用。

鸡蛋饼和绿叶菜上下"加固"

卷的力度非常重要，手劲轻了卷得松松垮垮，重了可能会把饼皮扯破。特别是用比较"脆弱"的全麦饼皮时，如果上面能垫一张鸡蛋摊成的薄饼帮助"加固"就再好不过了。鸡蛋饼上面再依次铺入其他食材，最后用苏子叶等绿叶菜盖在最上面。卷的时候"起步"很重要，两只手均匀用力，拿起饼皮底边向上，第一下要盖住所有食材，然后再继续卷，这样食材才不容易散开。

食材向中间靠拢

墨西哥卷饼和三明治不同，需要把所有材料都码放在饼皮的中间。码放顺序也不同，要先码放"可以整个放进去的食材"，再码放"需要切丝或撕成细丝的食材"。

薄饼卷制方法

一面有黏性的防油纸比普通防油纸更好操作。

防油纸如果沾了水或油，附着力会下降，包之前最好将手擦干。

1 将防油纸裁成长方形，把有黏性的那一面朝下铺平，长边横放。上面先铺饼皮，再铺鸡蛋饼。

2 鸡蛋饼上先横放绿叶菜，然后按照"可以整个放进去的食材""需要切丝或撕成细丝的食材"的顺序，依次将所有食材码放整齐。

3 用绿叶菜盖好"封顶"，就可以卷了。两手抓住饼皮底边，向上拉起，第一下要盖住所有食材，注意力度要均匀。

4 卷饼卷好后放在防油纸底边部分，向上卷起包好。

5 两边如有露出来的食材，可以用勺子往里捅一捅，然后用防油纸向上包起。

6 如果感觉卷得有点松，可以再裁一张防油纸，将有黏性的一面朝上，再用力卷一次即可。

只用一点儿米饭也能吃饱的低碳水紫菜包饭"最佳公式"

紫菜长边要竖放

紫菜粗糙的一面朝上摆放，可以让米饭粘得更牢。和一般卷紫菜包饭的方法不同，我们要将紫菜的长边纵向摆放，其实这样反而更好卷。如果食材太多感觉有点包不住，可以再包一层紫菜。卷到最后在紫菜边上抹一点儿水就能粘起来了。

米饭与米饭中间用奶酪片隔开

紫菜包饭里需要用到不少米饭，这对减肥人士来说不太"友好"，建议大家尽量不要一下子吃完一整条紫菜包饭。不过我们在铺米饭时，可以用奶酪片隔开，减少米饭的用量，这样吃起来的心理负担会少很多。

静置片刻；切之前抹香油

紫菜卷好后，将连接处朝下静置片刻，食材中的水分会慢慢渗出，不需要另外沾水也能让紫菜固定住。

紫菜包饭上面抹一些香油，不但闻着香，还能软化紫菜方便切开。

1 紫菜粗糙的一面朝上，长边竖向摆放。

2 将奶酪片三等分，在紫菜中间偏下的位置摆成一条。

3 上面空出20%~30%的空间，其余地方薄薄地铺一层米饭。

4 按照"阻隔水分的绿叶菜""可以整个放进去的食材""需要切丝或撕成细丝的食材"的顺序，将所有食材码放整齐。

紫菜和刀刃上抹一些香油，便于切开。

5 最后上面再盖几片绿叶菜，然后两手抓住紫菜底边，拉起向上，稍稍用力，第一下要盖住所有食材，再继续卷成卷。

6 紫菜的连接部分朝下放置，食材里的水分会自然将紫菜固定住。

公开我的运动秘诀

Q1

减肥最有效的有氧运动是什么？

早上空腹运动1小时 + 晚饭后力量练习30分钟 、有氧运动1小时

　　早上起床时是一天中血糖最低的时候，最有利于将脂肪转换成能量。晚饭后运动则可有效消耗当天进食后产生的热量，防止脂肪增加。如果用一场足球比赛来形容，早上空腹运动相当于对脂肪的"进攻"，晚上的有氧运动则相当于对"脂肪袭击"的"防守"。在家骑动感单车时，臀部抬起可有效提升运动强度。臀部抬起骑1分钟再坐下骑4分钟，比一直坐着骑5分钟所消耗的能量要多得多。可以将"10分钟动感单车+20次波比跳"作为一个训练循环，重复5次。能在1小时内完成这组短时间高强度的有氧运动就足够了。（请根据自身情况量力而行。）

Q2

如果晚上锻炼的时间较晚，结束后还要补充蛋白质吗？

　　如果你的目的是减重，运动结束得又比较晚，就不用再补充蛋白质了，因为若这时再摄入蛋白质，胃里的食物无法充分消化，容易引起胃炎或肾脏疾病，身体还会感到疲劳。运动后必须补充的是水分，但也不要过多，适量就好。蛋白质最好在早、中、晚三餐中与碳水化合物保持适当比例摄取。

Q3

每天都运动好，还是隔天运动好？如果某个部位感到肌肉酸痛，还能针对这个部位进行力量练习吗？

如果你20多岁，可以每周休息2天；30多岁的话则建议每周休息3天。不会引起肌肉酸痛的轻度力量练习可以每天进行，但如果是以增肌为目的的练习，有必要对肌肉进行连续的刺激，而这种刺激必然会导致肌肉酸痛。练习时，可通过增加器械重量、增加每组练习的次数，或增加动作难度来逐步增强运动强度。此外，肌肉酸痛是肌肉需要休息的生理信号，可以采取适当休息，并通过饮食来补充营养。如果此时勉强继续练习，身体状态和机能反而会下降。不过，肌肉酸痛的部位可以进行一些简单的恢复性训练，反而有助于缓解疼痛的症状。

Q4

想练就瘦而有型的身材，最重要的一点是什么？

要想看起来又瘦又有型，关键要把马甲线练出来。而要想练出马甲线、体脂率降到个位数，就必须进行系统的有氧运动，同时严格饮食。请记住，腹肌的出现不是因为肌肉量增加，而是因为体脂率低。

Q5

如果平时太忙，只能选择一种运动，是有氧运动好还是力量练习好？

当然是有氧运动。

比起肌肉力量，心肺功能是最应该优先考虑的。有氧运动对心肺功能的提升非常有帮助。但对于健身新手来说，单纯做有氧或无氧运动都不是最有效的，我并不推荐。波比跳和深蹲跳既能锻炼肌肉，又能刺激心肺，可以多做类似练习。

Q6

严格饮食也无法让小腿瘦下来怎么办？

　　像小腿这种脂肪较少的部位不容易瘦下来的原因有几种：一是原本属于肌肉型小腿；二是因缺乏运动引起的浮肿或血管瓣膜功能不全。我们可以通过做一些平衡性训练矫正小腿肌肉中的胫骨后肌（小腿最深处的肌肉）来进行改善。这些训练包括一条腿屈腿站立，保持平衡，或单腿蹲起、单腿跳跃等。要知道，如果你的胫骨后肌肌肉紧张或过于收缩，单腿站立本身都会有困难。这些练习能有效减少小腿浮肿。

单腿站立在波速球上，保持身体平衡。　　　　在波速球上做单腿蹲起运动。

*光脚练习效果更佳。如果没有波速球，也可在瑜伽垫上练习。

可能因为习惯了某些动作，现在肌肉不会疼了。怎样找到适合自己的运动强度？

肌肉的适应能力会比想象中快得多。所以我们要不断尝试各种新的动作，变换训练强度、训练循环，根据自己的体能和体形来确定运动的强度，这样锻炼才会更加有效。如果想通过力量练习持续感受到肌肉酸痛（延迟性肌肉酸痛），锻炼部位必须达到以下要求：

① 正确的训练姿势
② 增加器械重量
③ 增加训练循环次数
④ 健身高手所用的其他刺激肌肉的技巧

如果训练目标是增肌，需要不断增加训练器械的重量；如果目标是肌肉塑形或矫正体形，则需要增加训练循环的次数，以及进行静态训练（static training）。注意观察自己的身体状态和运动能力，记录数据作为参考，坚持下去必定会有进步。

深蹲做到最后一组时，保持蹲的姿势坚持30秒。

用腹部夹住毛巾或弹力带，保持蹲的姿势坚持30秒（过程中要用髋关节用力压住毛巾）。

如何纠正骨盆不对称?

　　对于骨盆矫正来说，最好的方法就是正确的休息以及适当的活动，不要让身体长时间处于静止状态。正确的休息包括改变"坐式生活"方式，减少坐在椅子上的时间，以及保持平躺的睡姿。适当的活动则是指转动骨盆的动作。坐在略软一些的床垫或被子上，背部挺直，骨盆以尾骨为中心，按顺时针和逆时针的方向慢慢画圆。做的过程中如果哪一侧运动受限，就说明那一侧的骨盆有问题。

　　如果骨盆长时间左右两侧使用频率不一致，会导致左右肌神经发达程度出现差异。虽然通过一些矫正动作几分钟就能缓解症状，但实际上只是治标不治本。我可以负责任地说，能够战胜顽固生活习惯的矫正动作是不存在的。

　　下面是几个在家就可以简单学做的矫正小窍门，大家也不妨试一试。

① 坐在没有靠背的椅子上，后背挺直。

② 两膝之间夹一个软的抱枕，保持一个拳头的距离。

③ 趴在地上，两臂向前伸直，两手掌相对，后脚跟夹紧，摆出超人的姿势（手掌和脚后跟持续用力夹紧）。

④ 身体平躺，目视天花板，两臂向上完全伸展，做臀桥运动（腹部尽力向上）。

⑤ 平躺，两腿放在平衡球上，两臂侧伸，手掌向下与地面贴紧。
⇩
头和骨盆摆向相反的方向，腿和骨盆左右反复滚动。
⇩
注意滚动时两腿要与平衡球贴紧。

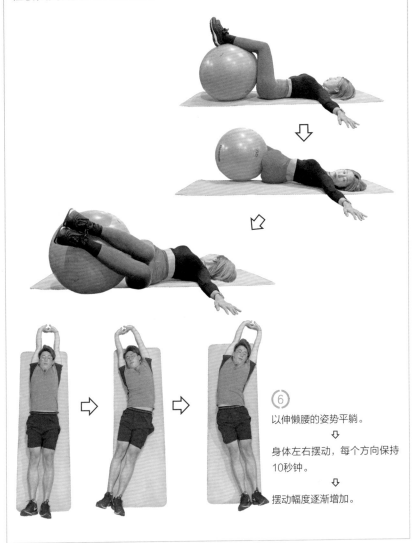

⑥ 以伸懒腰的姿势平躺。
⇩
身体左右摆动，每个方向保持10秒钟。
⇩
摆动幅度逐渐增加。

跟着网上的视频在家锻炼时，有哪些注意事项？

我也制作过居家锻炼视频，还曾尝试通过直播的方式进行运动教学，但这些方式都无法像面对面授课那样，把我的训练意图和方法百分百地准确传达给学员。所以我们可以选择一些难度不高的锻炼视频在家跟着做，但比较难的动作还是建议线下接受一对一的指导。每个人的健康状况和运动能力各有不同，安全永远是最重要的。

如何挑选优秀的私教？

我曾在前一本书中简要谈到这个问题，下面我再详细回答一下。

①列出你心目中的私教是什么样的

说话态度、服务意识、临床医学和理论的专业性、是否具备在私教课以外的时间也能持续监督和指导学员的责任感、私教个人形象管理和身体状态、礼貌态度等，可以一一写下来，做成一份清单。

②收集身边朋友对私教的评价

以刚才那份清单为标准，向周围上私教课的朋友征求意见，请他们给出评价。

③选好私教后先试课一次

挑选出评价最佳的私教后，先上一节他的体验课。向教练明确提出你的训练目标，详细咨询训练相关的方方面面，看教练是否与自己合拍。

④了解私教的履历后再决定

此外，教练的专业是什么、是否有私教相关的资格证书、实际授课经验是否丰富等相关信息也需要进一步了解清楚，之后再做最后决定。

完美的训练单凭自己一个人的努力是无法达到的。教练和学员之间应做到及时沟通，并据此不断改进训练课程（训练目的是否达成、调整学员所能承受的运动强度、改善教练某些不合适的语言表达等）。只有学员和教练之间相互信赖，愿意共同改进和改变，才能达到期望的训练结果。如果自身的意志力不够坚定，建议最好多上一些私教课。

我推荐的拉伸练习

办公室简易拉伸练习

① "乌龟颈" 缓解疲劳练习

收腹站立，尾骨向下。收紧肛门，下巴向后缩，弄出双下巴。头顶向天花板方向用力延伸，微微抬头，视线与地平线呈15°角。保持姿势1分钟，自然均匀地呼吸。

② 放松斜方肌练习

两手置于耳后。呼气，下巴回收同时微微抬头，双眼目视斜上方，胳膊肘、后背和头同时向上抬起。

③ 后背拉伸练习

两手背后交叉置于臀部上方，边吸气边抬头向上

后脚跟和大腿内侧并紧，脚尖向外呈八字站立。

大腿内侧用力，同时收腹。

继续用力收腹，保持括约肌收紧，下巴向上拉伸。

两手交叉置于臀部上方，两臂用力伸直，手够向地面方向，同时抬头看天。

感受下巴向上抬起后，脖子上的肌肉被拉伸的感觉，用鼻子呼吸，保持这个姿势1分钟。

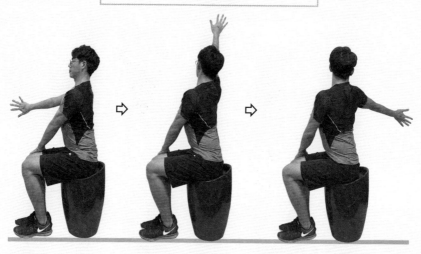

贴紧墙面坐好，双膝并拢。离墙近的一侧手臂伸直，手掌贴紧墙面，像画圆一样向后摆。眼睛跟随指尖运动，另一侧手臂放在靠墙那侧腿部的膝盖侧面。每组做15~20次，肩膀和背部肌肉感觉放松后换另一侧。

④ 缓解手腕酸痛练习

背部挺直，两臂侧伸，手掌竖起。
头顶向天花板方向延伸，保持双下巴。
两手好像推墙一样用力向外延伸。

两臂向后、向前转动，重复多次。
（手掌要一直保持竖起的姿势。）

两臂侧平举伸直，双手握拳，向上、向后转动手腕，重复多次。

① 脊柱伸展练习

保持站姿，脊柱用力向上伸展（小腹向内收紧，头顶伸向天花板方向）后，用腹式呼吸法呼吸。
呼气时感受肋骨内缩的感觉，最大限度地呼气到底。
（就算感觉已经呼出了最后一口气，也要再努力继续呼一下。）

② 侧平板支撑练习

| 基本姿势 | 初学者姿势 |

身体侧卧，肘部和肩膀呈一条直线撑起，脊柱伸展后开始腹式呼吸。

③ 四足支撑

基本姿势

下巴上抬姿势

取跪姿，脊柱伸展后，目视正前方，开始腹式呼吸。

（最重要的一点就是所有姿势都要配合腹式呼吸，每次都要最大限度地呼气到底。）

瘦身小贴士

Q1

"急增急减"的秘诀是什么？
如何挽救暴饮暴食后"崩溃"的身体和心理？

"急增急减"的秘诀就在于，在浮肿转化成脂肪前，迅速采取"应急措施"，同时尽快回到之前的健康生活方式中去。暴饮暴食后的第二天，至少要保证12~18个小时的空腹期，同时增加空腹有氧运动的强度和时间。建议进行40分钟~1小时至少达到"气喘吁吁"程度的有氧运动。饮食方面，至少有两顿饭的碳水化合物和脂肪类食物要比平时摄入得少，同时多吃富含膳食纤维的蔬菜和海产品。但是要注意，如果反复使用这个方法，体重也很容易反弹。"急减"的一天顺利度过后，从次日开始就要"重启"均衡饮食和日常训练，同时增加每天30分钟的空腹有氧运动，坚持一周。此外，暴饮暴食后，不要因负罪感而放弃减肥。如果暂时增加的体重会影响到心情，建议暴饮暴食后第二天不要踏上体重秤。那些突然增加的体重主要是还没有排泄出去的食物和水的重量，还没有真正变成脂肪。不如把后悔的时间用来锻炼，找到健康的生活节奏。

Q2

你的体重成功维持了6年，请问每天坚持的习惯有哪些？

刷牙后空腹喝一杯水 + 一天至少喝1.5升水

起床后空腹喝一杯水，有助于身体新陈代谢，促进血液循环，帮助排出积攒在身体里一夜的废物，促进肠胃运动和排便。一夜睡眠后口腔中有很多细菌，一定要漱口或刷牙之后再喝水。此外，要随时、及时补充水分，可以用容量250毫升的杯子喝水，一天总饮水量达到1.5~2升为宜。

我的每日饮水计划

· 早上空腹：一杯温水
· 每顿饭前30分钟：一杯水
· 下午：对付"假"食欲，喝四五杯
  水或茶
· 睡前30分钟：一杯温热水（比早上
  空腹喝的温度稍高）

利用各种机会增加日常活动量

去不太远的地方时，以步行代替乘坐交通工具；午饭后散步；以走楼梯代替坐电梯；利用每次去卫生间的机会做一些简单的拉伸运动或深蹲几下。总之要寻找一切多活动的机会。长期坚持下去，也许比有氧运动的效果还明显。

睡前泡脚和拉伸

晚上睡觉前泡脚可以有效缓解一天的疲劳，促进全身血液循环。我曾经属于下半身浮肿型肥胖，后来通过泡脚和拉伸，睡眠质量显著提高，每天早上都神采奕奕。

 Q3

我非常讨厌运动，能光靠饮食来减肥吗？

当然可以啦！从我个人的经验来看，饮食起到的作用要占到八成。

努力运动的同时如果不控制饮食，体脂和肌肉量都会增加，身体会变得结实，但减重是不可能的。可以先通过调整饮食开始减肥，配合慢走。这样减掉两三千克，感受到身体变得轻盈，有了继续减肥的兴致和动力后，再慢慢寻找适合自己的运动也未尝不可。饮食和运动相结合，会让减肥效果加倍，既能快速减重，也能让身材紧致有弹性，还能提高基础代谢率，防止体重反弹。我原来也讨厌运动，但后来挑战了游泳、瑜伽、爬山等各种运动，并从中找到了适合自己的运动方式，身体也由此产生各种积极的变化，健康又有活力。这是我的亲身经历，建议你也挑战一下自我。

Q4

如何控制饮食计划中食物的摄入量？

无论食物有多新鲜，对健康有多好，只要摄入的热量和营养过剩，那些多出的能量就会转化成脂肪。所以，在能控制自身摄入量之前，请不要和亲朋好友分享美食，建议改用儿童用餐盘，或采用分餐制，通过只吃自己盘子里的食物来学会控制。

本书中的食谱都标明了用量，可以帮助你做出一人份的量，有助于控制饮食。吃饭的时候最好不要看电视或手机，要专注于面前的食物，细嚼慢咽，体会饱腹感产生的过程。用日记记录饱腹感也是个不错的方法。

减肥进入平台期，如何顺利度过？

平台期是每一个减肥人士都会遇到的。体重大幅度减少，身体需要对此有个适应的过程。如果这时着急减少饮食摄入量或增加运动量，不但不会减重，反而还会掉肌肉。而且过度减肥还会产生补偿心理，容易导致食欲大增，最终造成体重反弹。平台期要远离体重秤，把注意力都放在践行那些适合自己的、具有可持续性的运动和饮食方式上来，并且努力坚持下去。快速掉体重的那一天终会再次到来。

我想晨练，但总是起不来，有没有能早起的小窍门？

空腹晨练的减肥效果特别好。俗话说：早睡早起身体好。减脂期最好保证至少6个小时的睡眠时间，有助于缓解身体疲劳，保持良好身体状态，这对减重也会起到间接的帮助作用。凌晨两三点是激素分泌最为旺盛的时间，为了能在此时进入深度睡眠，务必要保证12点以前入睡。提前准备好第二天晨练时要穿的衣服，挂在床头，手机等干扰睡眠的物品最好放远一点儿。早上闹钟响起后，立刻关掉闹钟，起身穿上运动服开始运动。就这样不留思考时间，像机器人一样重复几天起床、运动的流程之后，身体就会逐渐适应了。不过，如果晨练会加重你的疲劳感，身体一直无法适应，也不必勉强自己非要早上运动，其他时间运动也完全没问题。

平底锅

🍴

这章为大家介绍简单易做的平底锅美食。

用平底锅做饭的好处有很多：首先，餐具简单，刷碗压力小；其次，原材料用剪刀随便剪一剪就好，对刀工没要求；第三，可以炒菜、做饭、煮汤、做西餐，甚至做东南亚料理，种类多样！相信用平底锅做一次饭，你就会爱上它！

如果平底锅比较大，而你只需要做一顿饭的量，会不太容易掌握火候。所以我推荐使用适合一两人使用的小型平底锅。小锅还有一个好处，就是饭菜做好后可以端上餐桌直接吃，特别方便。

本章推荐的食谱里包含很多高蛋白的、可以瘦身的食材，做出来的成品都很美味，相信一定会合大家的胃口。

金枪鱼圆白菜炒饭

适合不爱做饭的人士。

操作时间短，刷碗压力小，味道也已经在社交媒体上获得了不少网友的肯定。

减少米饭用量，以圆白菜取而代之增加饱腹感；金枪鱼和鸡蛋提供丰富的蛋白质，是一款既简单又营养的健康炒饭。

材 料

- ☐ 糙米饭　60克
- ☐ 金枪鱼罐头　1个（85克）
- ☐ 圆白菜　120克
- ☐ 尖椒　2个
- ☐ 鸡蛋　1个
- ☐ 番茄酱　1勺
- ☐ 马苏里拉奶酪　15克
- ☐ 辣椒碎　少许
- ☐ 胡椒粉　少许
- ☐ 橄榄油　2/3勺

1　用剪刀把圆白菜和尖椒剪成适口大小。

2　用勺子把金枪鱼罐头里的油撇出来倒掉。

3　平底锅烧热，倒入橄榄油晃匀，放入圆白菜和尖椒进行翻炒，然后倒入糙米饭和金枪鱼继续翻炒。

4　放1勺番茄酱搅拌均匀，在米饭正中间挖一个小洞，倒入少许橄榄油烧热，磕1个鸡蛋进去。

5　将马苏里拉奶酪均匀地撒在鸡蛋四周，盖上锅盖，转小火焖一会儿。

6　出锅前撒上辣椒碎和胡椒粉即可。

清理冰箱库存大酱粥

早餐 午餐

你知道吗？用韩国大酱制作的食物，即便是在减肥期也可以放心食用，非常健康。

少量的大酱，搭配蔬菜、蛋白质食物和一些碳水化合物，不用其他调味料也能做得有滋有味，别提多简单了。

让我们用丰富的食材来煮一碗温暖的营养粥吧。

材料

- [ ] 虾仁　85克
- [ ] 快熟燕麦　25克
- [ ] 西葫芦　1/3个（100克）
- [ ] 洋葱　1/4个（50克）
- [ ] 尖椒　2个
- [ ] 大酱　1/2汤匙
- [ ] 青阳辣椒粉*　1/3汤匙
- [ ] 火麻仁　少许
- [ ] 水　1/2杯

*也可用普通辣椒粉代替。

也可以冰箱里有什么蔬菜就放什么。

可以用80克糙米代替快熟燕麦。

1 西葫芦、洋葱、尖椒切成小块，放入锅中。

2 放入水烧开，西葫芦半熟的时候放入虾仁和快熟燕麦，慢慢搅拌避免煳锅。

青阳辣椒粉的量可以根据自己的口味调整，如果不太能吃辣，放一般的辣椒粉也可以。

3 放入大酱，慢慢搅拌至化开，继续煮几分钟。

4 最后撒入青阳辣椒粉和火麻仁即可。

是拉差辣酱奶油焗饭

早餐　午餐

在意大利餐厅吃过的香浓奶油意式焗饭，现在也可以纳入居家减肥食谱了。

搭配各式各样的蔬菜、圆鼓鼓的虾仁和低脂牛奶的焗饭，吃起来完全不会有罪恶感！

这道菜的关键是，必须要放是拉差辣酱和尖椒。

材 料

- ☐ 糙米饭　100克
- ☐ 冷冻虾仁　5只（90克）
- ☐ 洋葱　1/4个（50克）
- ☐ 西蓝花　40克
- ☐ 尖椒　1个
- ☐ 低脂牛奶　2/3杯
- ☐ 是拉差辣酱　2/3勺
- ☐ 马苏里拉奶酪　15克
- ☐ 欧芹粉　少许
- ☐ 橄榄油　2/3勺

用食物剪刀会更方便。

1 将洋葱、西蓝花、尖椒剪成适口大小。

2 锅中倒入橄榄油，放入洋葱、西蓝花和尖椒充分翻炒，然后放入虾仁继续翻炒。

3 倒入糙米饭和牛奶，边煮边搅拌。

4 汤汁慢慢变少后，放入是拉差辣酱、马苏里拉奶酪和欧芹粉，搅拌均匀即可出锅。

金枪鱼番茄汤汁意面

　　各位，今天咱们把冰箱里的各种蔬菜和在橱柜里"睡觉"的金枪鱼拿出来吧。还有上次没吃完剩下的全麦螺旋意面以及番茄酱，也都准备好吧。把所有食材统统放进锅里"咕嘟咕嘟"煮起来，不知不觉中这顿饭就做好了。

　　真心向大家推荐这道吃起来特别解气的"打扫冰箱"汤汁意面。

材 料

- ☐ 全麦螺旋意面　30克
- ☐ 金枪鱼罐头　85克
- ☐ 芹菜　12厘米（50克）
- ☐ 番茄　1/4个（50克）
- ☐ 杏鲍菇　1/2个
- ☐ 洋葱　1/4个（45克）
- ☐ 黑橄榄　2个
- ☐ 番茄酱　2勺
- ☐ 水　1½杯
- ☐ 辣椒碎　少许
- ☐ 橄榄油　2/3勺

1 用勺子把金枪鱼罐头里的油撇出来倒掉。

用食物剪刀会很方便。

2 将芹菜、番茄、杏鲍菇、洋葱、黑橄榄都剪成适口大小，放入锅中。

3 倒入橄榄油，将蔬菜翻炒均匀，然后放入金枪鱼继续翻炒。

4 加入番茄酱和水煮一会儿，再放入螺旋意面煮8分钟。

5 撒入辣椒碎即可。

鳀鱼蛋炒饭

有嚼劲的鳀鱼炒饭和松软的炒蛋完美结合,成就了这款超级美味的蛋炒饭。
鳀鱼本身自带咸味,无须加入其他调味料就已经很好吃。
和鸡蛋一起放入口中,咸淡相宜,好像同时品尝了两道菜。

材料

- □ 糙米饭　100克
- □ 鸡蛋　2个
- □ 炒饭用鳗鱼　15克
- □ 杏仁　10个
- □ 尖椒　1个
- □ 西蓝花　50克
- □ 蜂蜜　1/3勺
- □ 黑芝麻　少许
- □ 橄榄油　2/3勺

1 热锅中倒入1/3勺橄榄油，油热后放入鳗鱼、杏仁和蜂蜜翻炒均匀。

2 先关火，用剪刀把尖椒和西蓝花剪成适口大小后倒入锅中。

3 倒入糙米饭，中火翻炒，混合均匀后将饭菜推到一侧。

4 空出来的地方倒入1/3勺橄榄油，转小火，磕入2个鸡蛋，在蛋液成形的过程中用筷子快速把蛋液搅散，做成西式炒蛋。

5 撒入黑芝麻即可。

瘦身版豆芽烤肉

　　减肥期间，在外面吃饭时我经常选择豆芽烤肉。

　　辣辣的味道吃起来特别解压，而且没有碳水化合物，大口吃肉和豆芽的饱腹感也会很强烈。

　　在家做这道菜时，可以选择脂肪比较少的猪肉，并少放些盐，这样就是一道合格的减脂健康餐了。

材料

- ☐ 梅花肉片　100克
- ☐ 豆芽　150克
- ☐ 大葱　15厘米（75克）
- ☐ 尖椒　2个
- ☐ 平菇　45克
- ☐ 青阳辣椒粉　2/3勺
- ☐ 蒜末　1勺
- ☐ 酱油　1勺
- ☐ 低聚糖　1/2勺
- ☐ 芝麻　少许
- ☐ 水　1/2杯

1　豆芽洗净沥干，平铺在锅底。

2　将大葱、尖椒和平菇剪成适口大小。

3　把梅花肉片铺开，上面撒入混合均匀的辣椒粉、蒜末、酱油和低聚糖酱汁。

4　倒水，盖上锅盖，加热5分钟左右。打开锅盖，将食材翻炒均匀，和酱汁充分融合。

5　梅花肉熟了就可以关火，最后撒上少许芝麻即可。

泰式炒魔芋粉

你试过用平底锅制作泰式炒米粉吗？

　　用魔芋粉代替米粉，可大大降低摄入的热量，各种蔬菜和玉米粒的加入，也使得这道菜的口感更加丰富。别忘了加一点儿鱼露，有了它，这道菜的味道简直就和我在曼谷吃到的那盘让人久久不能忘怀的炒米粉一模一样！

　　不用再为"中午吃什么"而发愁了，今天中午就做这道菜吧。

材 料

- [ ] 魔芋乌冬面　100克
- [ ] 鸡蛋　2个
- [ ] 有机玉米粒　2勺
- [ ] 洋葱　1/5个（30克）
- [ ] 红彩椒　1/3个（40克）
- [ ] 尖椒　1个
- [ ] 金针菇　1/3把（40克）
- [ ] 辣椒粉　1/3勺
- [ ] 蚝油　1/2勺
- [ ] 鱼露　1/3勺
- [ ] 蜂蜜　1/3勺
- [ ] 胡椒粉　少许
- [ ] 椰子油（或橄榄油）　2/3勺

1 洋葱和红彩椒切成小块，尖椒切碎，金针菇切掉根部后撕开。

魔芋特有的味道在经过炒制或焯水后会消失。

2 用流动的水冲洗几遍袋子里的魔芋乌冬面，然后沥干。

3 锅中倒入椰子油，将步骤1的蔬菜翻炒均匀。

4 放入魔芋面和玉米粒，磕入鸡蛋后快速搅散，充分翻炒。

5 撒入辣椒粉，倒入蚝油、鱼露和蜂蜜，继续翻炒，快出锅时撒一些胡椒粉即可。

燕麦蟹味海带粥

　　海带和燕麦易于保存，可以存放很久。但同时因为一次购入的量比较大，常常担心不知道什么时候才能吃完。所以我发明了这道可以同时用到这两样食材，制作又很简单的粥。

　　海带和蟹肉棒自带鲜味，即使不加调味料，味道也丝毫不寡淡，而且回味无穷。

材 料

- [ ] 干海带 5克
- [ ] 蟹肉棒 2根
- [ ] 尖椒 1个
- [ ] 快熟燕麦 30克
- [ ] 鸡蛋 1个
- [ ] 香油 1勺
- [ ] 火麻仁 1/2勺
- [ ] 水 2杯

1 用流动的水将干海带洗净，撕掉蟹肉棒上的塑料纸，把蟹肉棒撕成小条。

2 尖椒切碎，海带用剪刀剪短，放入锅中。

3 倒入燕麦和水，边煮边搅拌，直到燕麦煮软。

4 放入蟹肉棒，磕入鸡蛋搅散，继续煮一会儿。

5 关火。倒入香油，撒上火麻仁即可。

金枪鱼饭饼

  你有没有发现，比起一般做法的炒饭，用红烧肉或红烧鸡翅剩下的汤汁炒出来的米饭是不是更香？尤其是有点煳底的那种。

  这次我们就要做出这种味道的饭饼！把食材放进平底锅，用铲子压实，慢慢烤出轻微焦香味，然后关火即可。最后记得加一些是拉差辣酱，就可以开动啦！

材料

- □ 金枪鱼罐头　1个（85克）
- □ 糙米饭　80克
- □ 鸡蛋　1个
- □ 尖椒　1个
- □ 红彩椒　1/4个（40克）
- □ 苏子叶　5张
- □ 是拉差辣酱　1勺
- □ 橄榄油　1/2勺

1 用勺子把金枪鱼罐头里的油撇出来倒掉。

2 锅中倒橄榄油，烧热后关火。

用食物剪刀更方便。

3 先放入糙米饭和金枪鱼，再把尖椒、红彩椒和苏子叶剪碎后放进锅里。

4 开大火，磕入1个鸡蛋后将所有食材搅拌均匀，用锅铲把食材向下压实，注意要薄厚均匀。

5 饭底感觉差不多熟了，就从中间铲开翻个面，继续按压平整。

6 挤上是拉差辣酱即可。

牛肉萝卜汤燕麦粥

　　这道粥有着小时候妈妈经常做的牛肉萝卜汤所特有的熟悉味道。在小砂锅里放入牛肉和萝卜炖上一阵子，再放入燕麦煮一会儿，就是一道比牛肉萝卜汤还美味的粥啦！味道清甜爽口又过瘾，喝完浑身都充满着暖意，是一道会让你经常想起的美味料理。

材　料

- □ 快熟燕麦　25克
- □ 嫩牛肉　90克
- □ 萝卜　150克
- □ 大葱　7厘米（30克）
- □ 香油　1勺
- □ 蒜末　1勺
- □ 酱油　1勺
- □ 水　1½杯
- □ 芝麻　少许

1 萝卜切小块，大葱切小段，牛肉用厨房纸巾吸干水分后切成适口大小。

2 锅烧热，倒入1/2勺香油，放入牛肉和蒜末炒香，再放入萝卜和大葱继续翻炒。

3 倒水，煮一会儿，煮到萝卜呈半透明状时放入燕麦，一边搅拌一边煮，避免煳锅。

4 倒入酱油和1/2勺香油，快速搅拌均匀后关火，最后撒上芝麻即可。

奶油三文鱼排

晚餐

　　减肥期间总吃鸡胸肉，肯定会有吃烦的时候。这时不妨买一块生的三文鱼做道菜。虽然价格稍贵，但是嫩滑的三文鱼搭配低脂牛奶和马苏里拉奶酪，在家就能做出不亚于西餐厅的奶油鱼排。就算是送给努力减肥的自己的一份礼物吧。

材料

- ☐ 生三文鱼（用来做鱼排的部位）150克
- ☐ 尖椒　1个
- ☐ 冷冻混合蔬菜　100克
- ☐ 低脂牛奶　1杯
- ☐ 香草盐　1/5勺
- ☐ 马苏里拉奶酪　20克
- ☐ 胡椒粉　少许
- ☐ 橄榄油　1/2勺

1 热锅内倒入橄榄油，放入三文鱼略煎，煎到两面变色。

用食物剪刀更方便。

2 把尖椒剪碎撒进去。

3 放入冷冻混合蔬菜、牛奶和香草盐，边煮边用勺子把牛奶不断浇在鱼身上。

4 放入马苏里拉奶酪，慢慢煮到奶酪化开，最后撒些胡椒粉即可。

嫩豆腐汤味燕麦

　　辣辣的食物总会让人上瘾。特别是压力大的时候，会特别想吃辣。那就做一道嫩豆腐汤味燕麦吧。热辣的味道会给你带来心灵和胃口的双重满足。它和寒冷的天气也是"绝配"哦！

064

材料

- ☐ 生鸡肉　75克
- ☐ 快熟燕麦　15克
- ☐ 嫩豆腐　100克
- ☐ 洋葱　1/4个（60克）
- ☐ 泡菜　40克
- ☐ 杏鲍菇　1/2个
- ☐ 番茄酱　1½勺
- ☐ 辣椒碎　少许
- ☐ 水　1½杯
- ☐ 橄榄油　1/3勺

用食物剪刀更方便。

1 把洋葱、泡菜、杏鲍菇和鸡肉剪成适口大小，放入锅内。

2 锅内倒入橄榄油，放入洋葱，翻炒至洋葱微微变黄。

也可以用尖椒碎代替。

3 放入燕麦、嫩豆腐、番茄酱和水，煮3~5分钟。中间要搅拌几次，防止糊锅。

4 撒入辣椒碎即可。

舀着吃的圆白菜比萨

　　圆白菜比萨这个名字听着好像不怎么好吃，可如果你在减肥期间错过了这道菜，以后一定会后悔。

　　被平底锅烘烤得酥脆又有嚼劲的燕麦饼底，配上爽口的圆白菜，真的非常美味！一不小心可能会瞬间一扫而光哦！

🍳 材　料

- ☐ 快熟燕麦　20克
- ☐ 鸡蛋　1个
- ☐ 有机玉米罐头　1勺
- ☐ 圆白菜　100克
- ☐ 猪颈肉培根　12克
- ☐ 柿子椒　1/5个（15克）
- ☐ 黑橄榄　2个
- ☐ 番茄酱　1½ 勺
- ☐ 马苏里拉奶酪　20克
- ☐ 欧芹粉　少许
- ☐ 辣椒碎　少许
- ☐ 水　1/3杯

Σ　小贴士　Σ

用超市里卖的普通玉米粒也没问题，但我更爱用非转基因、不添加糖和防腐剂的有机玉米罐头。虽然价格贵一些，但每次只用少量作为装饰就好，可广泛用于各式各样的健康美食。

1 圆白菜擦成丝，和燕麦、水放入锅中，混合均匀。

2 开小火，把圆白菜和燕麦轻轻压实呈饼状，洒上番茄酱。

3 中间掏个小洞，表面均匀撒上10克马苏里拉奶酪以及剪碎的培根、柿子椒、黑橄榄和玉米粒。

4 在小洞里磕1个鸡蛋，再把剩下的马苏里拉奶酪撒匀。

5 盖上锅盖，继续小火加热，直到马苏里拉奶酪化开，最后撒入欧芹粉和辣椒碎。

意式青黄酱意面

　　今天我们用植物蛋黄酱做一道低胆固醇的创意意面。奶酪赋予它软糯的口感，罗勒青酱带来特有的意式风味，"辣味三剑客"尖椒、洋葱和大蒜用来添香，最后再拌入一些健康的纳豆！有趣而又新鲜的食材组合，相互融合又相辅相成的口感与味道，不得不说真是太好吃啦！

材料

- 生鸡胸肉 90克
- 低卡面条（或魔芋面） 1/2袋（75克）
- 纳豆 1盒
- 尖椒 1个
- 洋葱 1/2个（100克）
- 大蒜 4瓣
- 植物蛋黄酱 1勺
- 意式青酱 2/3勺
- 橄榄油 1/2勺
- 欧芹粉 少许

1 用筷子把纳豆拌匀。

2 尖椒、洋葱、大蒜、鸡胸肉切成适口大小。

∑ 小贴士 ∑

含有鹰嘴豆粉的低卡面条即便不加热，也不会有魔芋那种特殊的味道，口感也比一般的魔芋面软。我主要在网上购买。

3 锅内倒入橄榄油，放入鸡胸肉和蔬菜炒熟。

若用魔芋面，需要事先放入开水中焯烫。也可用全麦意面代替低卡面条。

4 放入面条、植物蛋黄酱和意式青酱，继续翻炒。

5 倒入纳豆，最后撒一些欧芹粉即可。

PART 2

微波炉和
空气炸锅

减肥最大的阻碍因素就是"做起来好麻烦"。所以微波炉和空气炸锅对于减肥人士来说，真是值得感谢的做饭工具。只要把食物放进去加热即可，就是这么简单。既免去长时间做饭的辛苦，也节省了守在灶台前的时间。特别是常常因为时间来不及而放弃的早餐，也可以3~5分钟就做好，对学生和上班族来说真是太重要了。而且就连需要不断搅拌才能煮出来的粥，或垫肚子用的面包和饼干等零食也能轻松搞定，对我来说绝对是居家必备。

针对家里没有空气炸锅的朋友，我也增加了一些用微波炉或平底锅来代替的做法。条条大路通罗马，我们用各种方法都能做美食。

瘦身版调味炸鸡

减肥的时候如果想吃炸鸡，自己在家就能做啦！

虽然现在有不少用美味的调味酱汁加工而成的鸡胸肉炸鸡做法，但大都无法做出炸鸡店里那种表皮酥脆的口感。所以我用糙米做成的春卷皮来再现炸鸡的酥脆口感，做法上也尽量做到健康。相信这款咸辣口味的炸鸡一定会满足你的味蕾。

材料

- ☐ 生鸡胸肉　　100克
- ☐ 糙米春卷皮　4张
- ☐ 葱丝　45克
- ☐ 橄榄油　少许

调味炸鸡酱汁

- ☐ 青阳辣椒粉　1/3勺
- ☐ 是拉差辣椒酱　1/2勺
- ☐ 番茄酱　1勺
- ☐ 低聚糖　1勺
- ☐ 花生碎　5克

蒜味酱汁

- ☐ 蒜末　1/2勺
- ☐ 酱油　1勺
- ☐ 低聚糖　2勺
- ☐ 花生碎　5克

1 鸡胸肉切成适口大小，春卷皮用剪刀对半剪开。

2 把春卷皮放入温水中几秒后马上拿出，平放在案板或盘子上。

3 用春卷皮把鸡胸肉块逐个卷起来。

在烧热的平底锅上刷一层橄榄油，用中火正反面煎到微微发黄也可以。不过用这种方法容易把春卷皮煎过头，所以最好选择即食鸡胸肉，或已经煮熟的鸡肉。

4 把鸡胸肉卷放在空气炸锅里，喷两三遍橄榄油，180℃烤10分钟，然后翻面再烤10分钟。

花生碎不要都放进去，稍微留一点儿最后撒在炸鸡上。

5 将调味炸鸡酱汁和蒜味酱汁所用调味料分别搅拌均匀。

根据个人喜好，可以把酱汁浇上去吃，也可以蘸着吃。鸡肉也可以替换成虾仁、猪肉或肉丸等。

6 把葱丝平铺在盘子上，放上炸好的鸡块，再把两种酱汁分别浇在鸡块上，最后撒上花生碎即可。

糯米年糕味燕麦杯

　　将黄豆粉和燕麦搅拌均匀，把切成片的香蕉铺在上面，放进微波炉加热，糯米年糕味的燕麦杯就做好了。香蕉提供甜味，黄豆粉提供香味，牛奶和燕麦提供有嚼劲的口感，吃起来真的像在吃糯米年糕一样。黄豆粉不一定非要用炒过的。也可以用黑芝麻粉、绿茶粉、可可粉制作不同口味的燕麦杯。

材料

- ☐ 快熟燕麦　30克
- ☐ 生可可粒碎　1/2勺
- ☐ 熟黄豆粉　2勺
- ☐ 香蕉　1根
- ☐ 杏仁　7颗
- ☐ 黑莓　7颗
- ☐ 低脂牛奶　2/3杯

1　1/2根香蕉切片，放置待用；另外1/2根放在耐热容器中，用勺子碾碎。

留少量生可可粒碎和黄豆粉最后装饰用。

2　向步骤1的容器中放入燕麦、生可可粒碎、黄豆粉和牛奶，搅拌均匀，用微波炉加热1分30秒。

上面点缀一些薄荷叶等香草，拍照会更好看。

3　在燕麦杯上撒一些黄豆粉，然后依次铺上香蕉片、杏仁、黑莓和生可可粒碎。

茄子嫩豆腐奶油焗饭

早餐 晚餐

茄子和嫩豆腐的搭配是不是以前没见过？再加上番茄和奶酪做成的焗饭，味道会怎样呢？这道菜只需要将所有食材混合，放进微波炉加热一下就好了，超级方便。而且味道丝毫都不逊色，非常美味。有了辣椒粉和红辣椒碎的帮助，吃起来也不会觉得腻。

材料

- 茄子　1/3个
- 番茄　1/2个（100克）
- 洋葱　1/4个（50克）
- 快熟燕麦　20克
- 鸡蛋　1个
- 嫩豆腐　50克
- 番茄酱　1勺
- 辣椒粉　1/3勺
- 马苏里拉奶酪　15克
- 红辣椒碎　少许
- 欧芹粉　少许

1 茄子、番茄和洋葱切块。

2 耐热容器内依次放入茄子、番茄、洋葱、快熟燕麦、鸡蛋、嫩豆腐、番茄酱和辣椒粉，搅拌均匀。

3 撒上马苏里拉奶酪，放入微波炉加热4分钟。

4 表面撒一些红辣椒碎和欧芹粉即可。

辣椒洋葱吐司

尖椒、洋葱和苏子叶是三种我们非常熟悉的食材。它们各自有着独特的、非常有个性的味道。

把这些辣辣的、微苦的食材混合在一起做成吐司，感觉有点奇怪吧？

这道菜非常符合韩国人的口味，你也来感受一下吧。

材料

- ☐ 全麦面包　1片
- ☐ 尖椒　1个
- ☐ 洋葱　1/2个（80克）
- ☐ 苏子叶　3张
- ☐ 鸡蛋　1个
- ☐ 马苏里拉奶酪　10克
- ☐ 植物蛋黄酱　1勺
- ☐ 是拉差辣椒酱　1/2勺
- ☐ 欧芹粉　少许

1 用刀或手动搅碎机将尖椒和洋葱切碎，然后再放入苏子叶一起打碎。

2 将步骤1的蔬菜碎与是拉差辣椒酱、蛋黄酱混合均匀。

3 在面包片上厚厚地涂上混合物。

4 中间挖个小洞，磕入1个鸡蛋。

若用微波炉制作，需要先用叉子在蛋黄上扎几下，然后加热3分30秒即可。

5 放入空气炸锅，180℃先烘烤8分钟，取出撒入马苏里拉奶酪，再烤7分钟。最后在表面撒一些欧芹粉即可。

甜咸杯子面包

　　向大家介绍一款用微波炉瞬间就能做好的甜咸杯子面包。

　　这款面包所用食材健康又美味，制作时整个房间都会弥漫着面包店里香肠面包的香味。它的饱腹指数高，又有着丰富的营养，而且越吃越上瘾。建议你一定要试一下。只要做过一次，就会有第二次、第三次……

材料

- 木斯里（或燕麦+干果+坚果） 40克
- 猪颈肉火腿 1片（25克）
- 洋葱 1/6个（20克）
- 墨西哥辣椒 15克
- 鸡蛋 2个
- 低脂牛奶 2勺
- 马苏里拉奶酪 15克
- 欧芹粉 少许
- 红辣椒碎 少许

1 火腿、洋葱、墨西哥辣椒切小丁。

火腿和墨西哥辣椒留少许作为最后的装饰。

2 马克杯里放入木斯里、火腿、洋葱、1个鸡蛋和牛奶，搅拌均匀。

为避免蛋黄炸开，记得先用叉子在蛋黄上扎几下。如果用空气炸锅做这道菜，需要先在马克杯内侧抹一层橄榄油，170℃烘烤18分钟。

3 再打入1个鸡蛋，四周铺上刚才预留的火腿、墨西哥辣椒以及马苏里拉奶酪，放入微波炉加热2分30秒。

也可以放在杯子里，用勺子挖着吃。

4 把面包从杯中拿出，放到盘子里。最后在表面撒上欧芹碎和红辣椒碎即可。

明太鱼燕麦粥

　　明太鱼干不仅可以用来解酒，同时它也是富含蛋白质的食品。在各种饭菜中加上少许，就能补充不少蛋白质。我们在做瘦身餐时，可以考虑多多使用明太鱼干。它本身带有淡淡的咸味和鲜味，即使不特别调味，也能成就一顿元气满满的早餐或午餐。

材料

- □ 快熟燕麦　25克
- □ 鸡蛋　1个
- □ 洋葱　1/4个（60克）
- □ 明太鱼干　10克
- □ 冷冻混合蔬菜　2把（50克）
- □ 无糖豆浆1勺
- □ 马苏里拉奶酪　15克
- □ 欧芹粉　少许

1 洋葱切块，明太鱼干用剪刀剪成适口大小。

2 耐热容器内依次放入快熟燕麦、鸡蛋、洋葱、明太鱼干、冷冻蔬菜、豆浆，搅拌均匀。

∑ 小贴士 ∑

冷冻混合蔬菜的用途特别广泛。提前买好冻在冰箱里，做饭时发现食材不够用的时候就可以马上拿出来用，而且节省了处理蔬菜的时间。一般大型超市有售，在网上搜索"冷冻混合蔬菜"也能搜出不少品牌的产品。

各家使用的豆浆温度和微波炉功率不同，可自行调整加热时间。

3 表面撒上马苏里拉奶酪，放入微波炉加热3分钟，最后撒一些欧芹粉即可。

比萨味迷你南瓜蛋堡

爱吃瓜薯类食物的减脂人士应该会特别喜欢这道菜。

红薯、南瓜（可用贝贝南瓜）、奶酪和鸡蛋都是营养和味道俱佳的食材，搭配在一起的味道就更绝了！光是这几样食材本身就已经很好吃，但我还是想在做法上有些创新。于是我又添加了番茄酱、洋葱和黑橄榄在里面。看，这就是为你打开新世界大门的比萨味迷你南瓜蛋堡！

材料

- ☐ 迷你贝贝南瓜　1个（230克）
- ☐ 洋葱　1/6个（20克）
- ☐ 黑橄榄　1个
- ☐ 鸡蛋　1个
- ☐ 马苏里拉奶酪　20克
- ☐ 番茄酱　1/2勺
- ☐ 欧芹粉　少许

先用微波炉加热会更方便处理。可根据南瓜的大小适当调整加热时间。

1 将贝贝南瓜整个放入微波炉加热1分30秒，拿出后从上面横着切开（切下来的部分当作盖子），用勺子把里面的瓜瓤处理干净。

2 洋葱切碎，黑橄榄切片。

Σ 小贴士 Σ

5~9月是贝贝南瓜成熟的季节，味道最好。如果用大一点儿的南瓜，鸡蛋和番茄酱的用量也要适当增加，可以分两三次吃完。

3 南瓜里放入番茄酱、洋葱和黑橄榄。

4 磕1个鸡蛋进去，表面撒马苏里拉奶酪。

如果用微波炉加热，要记得先把蛋黄用叉子扎几下，然后加热约3分30秒。

5 把切下来的南瓜盖子盖上，放进空气炸锅，160℃加热10分钟，再把盖子拿掉，提高到180℃加热10分钟。

6 取出后撒少许欧芹粉即可。

全面健康派（2次量）

　　我用十元店里就能买到的派盘，做了一个蛋白质、碳水化合物和脂肪都面面俱到的营养健康派。

　　这些丰富的食材简单放在一起吃就已经足够美味，可以不用添加任何调味料。

　　食材都切成了方便入口的大小，可以作为工作日清晨的早餐，也可当作运动之前补充能量的零食，当然作为正式的晚餐也是完全没有问题的。

材 料

- ☐ 鸡蛋 3个
- ☐ 生鸡胸肉 150克
- ☐ 贝贝南瓜 70克
- ☐ 圣女果 4个
- ☐ 尖椒 1个
- ☐ 黑橄榄 2个
- ☐ 冷冻混合蔬菜 50克
- ☐ 马苏里拉奶酪 20克
- ☐ 橄榄油 少许

1 圣女果切4瓣，尖椒切碎，黑橄榄切薄片。

2 鸡肉和南瓜切成适口大小，鸡蛋打散。

3 派盘内侧抹一层橄榄油。

4 先倒入一半蛋液，均匀铺上圣女果、尖椒、黑橄榄、鸡肉、南瓜和混合蔬菜，然后倒入另一半蛋液。

如果用平底锅做，可以把食材都倒进去后，盖上锅盖焖一会儿，直到食材完全熟透。

5 表面喷少许橄榄油，放入空气炸锅，180℃加热15分钟，拿出后表面撒马苏里拉奶酪，再烤5分钟。

6 拿出后稍微放凉，切成4等份，分2次食用即可。

青葡萄虾仁吐司

 早餐 午餐

　　我平时比较喜欢做高蛋白食物和水果搭配在一起的料理。身体所必需的蛋白质和味道清新甜美的水果放在一起，可以达到一种味觉上的平衡。所以这次我用虾仁与青葡萄做了一道吐司。

　　把虾仁放进融化的无盐黄油中稍微翻炒一下，口感鲜嫩的虾仁搭配甜甜的葡萄和有独特香味的罗勒青酱，一口吃下去真是太幸福了。

材料

- □ 虾仁 6只（82克）
- □ 全麦面包 1片
- □ 洋葱 1/6个（30克）
- □ 青葡萄 5个
- □ 黑橄榄 3个
- □ 无盐黄油 5克
- □ 罗勒青酱 1/3勺
- □ 马苏里拉奶酪 20克
- □ 黄芥末 少许
- □ 欧芹粉 少许

1 洋葱切细丝，葡萄对半切开，黑橄榄切薄片。

2 热锅中放入无盐黄油，加热至化开，把虾仁炒至表面变色。

如果食材切得够细，只用少许调味酱就能使所有食材拌上味。

3 洋葱和罗勒青酱混合搅拌均匀，涂抹在全麦面包上。

4 将黑橄榄、虾仁和奶酪铺在面包上，放入空气炸锅，180℃烤7分钟。

5 最后放上青葡萄，加少许黄芥末和欧芹粉即可。

高蛋白咖喱小面包

　　有嚼劲，饱腹感强，食材健康，还能代替正餐，这个小面包是减脂期的绝佳选择。

　　所用食材都很容易买到，做出来的味道就像面包店里卖的一样好吃，真是太满足了！如果把它当作正餐，一次可以吃两三个。作为零食就只能吃一个哦！

材 料

- ☐ 快熟燕麦 50克
- ☐ 生鸡胸肉 1块（140克）
- ☐ 鸡蛋 3个
- ☐ 洋葱 1/4个（60克）
- ☐ 胡萝卜 1/4个（60克）
- ☐ 苏子叶 4片
- ☐ 尖椒 2个
- ☐ 有机玉米粒罐头 2勺
- ☐ 咖喱粉 2勺
- ☐ 烟熏辣椒粉 1/2勺
- ☐ 香草盐 1/3勺
- ☐ 马苏里拉奶酪 40克
- ☐ 橄榄油 1/2勺

1 用搅拌机将快熟燕麦打碎。

用蔬菜切碎机更方便。

2 洋葱、胡萝卜、苏子叶、尖椒和鸡胸肉也用搅拌机打碎。

3 打碎的食材中加入燕麦、鸡蛋、玉米粒、咖喱粉、烟熏辣椒粉、香草盐和20克马苏里拉奶酪，充分混合搅拌均匀。

4 硅胶模具内侧涂一层橄榄油，将混合物填入模具。

如果用微波炉，需要加热3分钟。加热的时候旁边放一碗水，使微波炉内产生一定的水蒸气，这样做出来的小蛋糕会更松软。

5 放入空气炸锅，160℃烤15分钟。拿出后撒入剩下的马苏里拉奶酪，再加热5分钟拿出放凉即可。

热熏金针菇比萨

　　价格便宜又健康的金针菇，入菜范围非常广泛。我还会用它来制作比萨饼底。
用空气炸锅把金针菇的水分烤干，会变得脆脆的，是以前没吃过的口感。再
把鸡胸肉火腿和各种蔬菜铺在上面，撒上一层烟熏辣椒粉，就是一道低碳水的健
康比萨啦！

材 料

- 金针菇 150克
- 鸡胸肉火腿 50克
- 红彩椒 1/4个（30克）
- 黄彩椒 1/4个（30克）
- 黑橄榄 2个
- 洋葱 1/4个（40克）
- 番茄酱 1勺
- 马苏里拉奶酪 20克
- 烟熏辣椒粉 少许

1 红、黄彩椒切成圆的薄片，洋葱切细丝，黑橄榄切薄片。

2 金针菇去掉根部，均匀撕开，鸡胸肉火腿放在开水中焯烫一下，切成适口大小。

3 空气炸锅中铺上油纸，把金针菇平铺在上面，180℃烤10分钟，将水分烤干。

4 洋葱和番茄酱混合搅拌均匀。

5 把烤干的金针菇平铺在盘子里，均匀撒上洋葱、黑橄榄、彩椒、生鸡胸肉火腿、奶酪和烟熏辣椒粉。

6 放入空气炸锅，180℃加热5分钟即可。

章鱼泡菜粥

我曾经特别喜欢一家著名粥店里的一道粥，于是就把它改良了一下，变得更健康，口感上也少了一些刺激感。

少量泡菜里加入番茄酱和洋葱，味道进一步得到升华，真的很好喝。

章鱼富含蛋白质，粥里加了它，不但有益于健康，饱腹感也更强了。

材 料

- ☐ 快熟燕麦　25克
- ☐ 煮熟的鹰嘴豆（或鹰嘴豆罐头）　2勺（40克）
- ☐ 洋葱　1/5个（50克）
- ☐ 泡菜　30克
- ☐ 章鱼　1只（80克）
- ☐ 香葱　少许
- ☐ 番茄酱　1勺
- ☐ 马苏里拉奶酪　15克
- ☐ 水　2/3杯
- ☐ 胡椒粉　少许

1 洋葱、泡菜和章鱼切小丁，香葱切碎。

2 耐热容器中放入燕麦、鹰嘴豆、洋葱、泡菜、章鱼、番茄酱和水，混合搅拌均匀。

3 表面均匀撒上马苏里拉奶酪，用微波炉加热4分钟。

4 最后撒香葱和胡椒粉即可。

全麦薄底比萨

    我用全麦薄脆做成的薄底比萨系列已经在网上大获好评。它的味道完全不输外面的比萨店，制作方法也超级简单。我的家人和朋友因为特别爱吃我做的比萨，现在已经基本不在外面购买了。

    减脂期如果想吃比萨，千万别忍着，按照菜谱做起来吧！

材 料

☐ 全麦薄脆饼　5片
☐ 洋葱　1/4个（50克）
☐ 柿子椒　1/4个（25克）
☐ 培根　1片（20克）
☐ 黑橄榄　2个
☐ 番茄酱　1勺
☐ 马苏里拉奶酪　15克
☐ 鸡蛋　1个
☐ 黄芥末　1/2勺

1 洋葱和柿子椒切细丝，培根切适口大小，黑橄榄切薄片。

> 我用的薄脆饼品牌是 Finn Crisp（芬可脆）。

2 把全麦薄脆饼平铺在油纸上，每片之间稍微有所重叠。

> 用少量番茄酱就能使每片洋葱上都均匀拌上味。

> 也可用罗勒青酱等其他调味酱料。

3 洋葱和番茄酱拌匀，铺在全麦薄脆饼上。

> 如果用微波炉，需要先用叉子把蛋黄扎几下，再加热2分钟。不喜欢鸡蛋过嫩的也可以再加热一会儿。

4 继续将柿子椒、黑橄榄、培根和奶酪铺在薄脆上，中间磕入1个鸡蛋，放进空气炸锅，180℃加热10分钟。

> 再撒一些红辣椒碎和欧芹粉，不但味道更好，"颜值"也更高了。

5 表面挤少许黄芥末即可。

PART 3

各国家常菜

在减肥的过程中，我认为避免单一枯燥的饮食非常重要。总是吃同样的食物，必然会有吃腻的一天，减肥就会变得很难坚持。

我之所以能减重22千克并保持6年，就在于我愿意不断尝试用健康的食材烹饪出我吃过的各国美食或我平时爱吃的饭菜。不仅有韩餐、中餐、日料和各种面食，还有东南亚菜和甜品。减肥期间，我力求做到菜品丰富，尝试一切没有尝试过的味道。

请大家按照自己的口味或心情，选出自己喜欢的菜谱，一起开心地减肥吧！

番茄泡菜炒饭

泡菜炒饭在减肥期间也是可以吃的，唯一需要注意的是泡菜中的钠。为了减少摄入钠，也就是过多的盐分，我们可以减少泡菜的用量。如果觉得辣味不足，可以用一些有辣味的蔬菜代替。也可以加入能够提高人体营养吸收率的番茄，做一道升级版的炒饭。

材料

- 糙米饭　100克
- 鸡蛋　1个
- 洋葱　1/4个（50克）
- 番茄　1/2个（100克）
- 大葱　10厘米（30克）
- 尖椒　1个
- 泡菜　40克
- 橄榄油　2/3勺
- 番茄酱　1/2勺（可选）

1 洋葱、番茄切大块，尖椒、大葱和泡菜切碎。

2 热锅中倒入1/3勺橄榄油，晃匀后磕入1个鸡蛋，煎成荷包蛋盛出。

> 只有用大火才能把番茄的水分蒸发出去。

> 也可以放一些用筷子搅匀的纳豆，吃起来就像是放了奶酪的泡菜炒饭，口感湿润绵软。

3 不用洗锅，再倒入1/3勺橄榄油，将大葱、尖椒和洋葱依次放入翻炒，然后再放入泡菜和番茄，大火翻炒。

4 倒入米饭，翻炒均匀后即可出锅。可以先盛到碗里，然后再倒扣到盘子里。最后把荷包蛋盖在上面，表面挤少许番茄酱即可。

魔芋炒年糕

  午餐

　　年糕这个碳水化合物和高钠的组合，确实不应该在减肥期间吃。但是如果你某一天特别想念这个味道，吃不到就不开心，那就看一下这个菜谱吧。

　　用魔芋乌冬面代替让人长肉的年糕，再搭配贝贝南瓜、豆腐鱼糕和一些香辛料，真是又辣又香！对于正在减肥又想吃炒年糕的人来说，这将是开心的一餐。

材料

- ☐ 魔芋乌冬面　80克
- ☐ 贝贝南瓜　70克
- ☐ 洋葱　1/4个（50克）
- ☐ 豆腐鱼糕　90克
- ☐ 尖椒　2个
- ☐ 马苏里拉奶酪　10克
- ☐ 大蒜粉　少许
- ☐ 欧芹粉　少许
- ☐ 橄榄油　2/3勺

辣椒酱汁

- ☐ 辣椒粉　1/2勺
- ☐ 蒜末　2/3勺
- ☐ 椰枣汁　1/3勺
- ☐ 辣椒酱　1/3勺
- ☐ 水　1杯

Σ　小贴士　Ƨ

圃美多豆腐鱼糕是用豆腐和鱼肉制作的，口感劲道，可以代替香肠或年糕。如果买不到，也可用鱼肉含量较高的鱼糕来代替。

魔芋特有的味道会随着加热而消失。此外魔芋乌冬面比普通乌冬面的口感更好。

1　南瓜、洋葱和豆腐鱼糕切成适口大小，尖椒切碎。

2　魔芋乌冬面在凉水中清洗后沥干。

3　把辣椒酱汁需要用到的材料混合搅拌均匀。

4　热锅中倒入橄榄油，放入洋葱和尖椒先翻炒一会儿，然后放入贝贝南瓜和豆腐鱼糕继续翻炒。

也可以把翻炒好的材料放进空气炸锅，表面铺奶酪，180℃加热5分钟，把奶酪烤得微微焦黄即可。

5　放入魔芋乌冬面和辣椒酱汁翻炒均匀，小火收汁后撒入马苏里拉奶酪。

6　盛入盘中，表面撒少许大蒜粉和欧芹粉即可。

鸡胸肉越南米粉沙拉

用1勺鱼露或鱼酱可以做出越南风味的米粉沙拉。

请拿出冰箱里的各种蔬菜，以及减肥必备的鸡胸肉。碳水方面如果有魔芋面最好，没有的话也可用普通米粉。我还会加入猕猴桃，它可以帮助促进蛋白质的消化和吸收。最后蘸着调好的越南风味酱汁就可以开吃了。

从此感觉完全没有必要去外面的餐厅了。

材 料

- □ 即食鸡胸肉 100克
- □ 生菜叶 6片
- □ 猕猴桃 1/2个
- □ 胡萝卜 1/4个（50克）
- □ 紫甘蓝 30克
- □ 魔芋面 100克

蘸汁（2次的量）

- □ 尖椒 1个
- □ 洋葱 1/8个（20克）
- □ 银鱼鱼露（或者鱼酱） 1勺
- □ 柠檬汁 1勺
- □ 低聚糖 1/2勺
- □ 水 1/3杯
- □ 蒜末 1/4勺

1 生菜叶洗净，沥干；猕猴桃清洗干净外皮。

猕猴桃皮含有丰富的膳食纤维、叶酸和维生素。洗净连皮一起吃的口感也是不错的。

2 胡萝卜斜切片，生菜切成适口大小，紫甘蓝切丝，猕猴桃连皮切圆片。

3 鸡胸肉切成适口大小，蘸汁需要用到的尖椒和洋葱切碎。

热水烫过的魔芋面就不会有魔芋的特殊味道了。

4 魔芋面用凉水涮洗几遍后，过热水捞出。

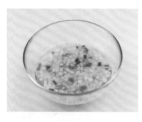

5 把蘸汁需要用到的材料混合搅拌均匀。

6 将鸡胸肉、胡萝卜、紫甘蓝、猕猴桃、生菜和魔芋面放入盘中，摆成圆形。中间放入蘸汁，就可以开动了。

海带醋鸡汤面

为大家推荐一款适合在炎热夏季享用的轻养生餐。

海带、低卡面条和鸡胸肉既可以用来补充蛋白质，又能提供饱腹感。不要一听到鸡胸肉三个字就皱眉。有清脆的黄瓜、辣酥酥的尖椒和酸爽的汤底在，鸡胸肉也变得别有风味了！这道菜完全不会吃腻，而且和夏天特别搭。

材 料

- ☐ 即食鸡胸肉　100克
- ☐ 低卡面条　1/2袋（75克）
- ☐ 干海带　5克
- ☐ 尖椒　1个
- ☐ 黄瓜　1/3个（65克）
- ☐ 芝麻　少许

汤底

- ☐ 芝麻　1/2勺
- ☐ 青阳辣椒粉　1/2勺
- ☐ 蒜末　1勺
- ☐ 糙米醋　5勺
- ☐ 酱油　1勺
- ☐ 低聚糖　1勺
- ☐ 水　2杯

1 干海带泡凉水10分钟，泡发后挤干水分，剪成适口大小，暂时放入冰箱冷藏。

2 尖椒切碎，黄瓜切丝。

3 面条煮好后过凉水沥干，鸡胸肉撕成丝。

留少许黄瓜、鸡胸肉和尖椒最后装饰用。

4 把汤底需要用到的材料放入碗中搅拌均匀，然后放入海带、黄瓜、鸡胸肉和尖椒拌匀。

5 碗中放入面条，倒入调好的汤底。

6 最后撒上预留的黄瓜、鸡胸肉、尖椒和芝麻即可。

甜咸炒蛋吐司

　　怀念记忆中街边吐司的味道吗？有松软的面包、蔬菜、鸡蛋，还有番茄酱和白砂糖，一口咬下去，满嘴的香甜。

　　我想出了还原这个味道的健康做法。用草莓酱代替白砂糖，再加上是拉差辣酱，便得到了甜甜咸咸的口感。如果草莓酱是无糖的纯草莓酱就更好啦！

材料

- ☐ 全麦面包 1片
- ☐ 鸡蛋 2个
- ☐ 胡萝卜 1/4个（50克）
- ☐ 洋葱 1/4个（50克）
- ☐ 马苏里拉奶酪 15克
- ☐ 草莓酱 1/3勺
- ☐ 是拉差辣酱 1/2勺
- ☐ 欧芹粉 少许
- ☐ 橄榄油 1/2勺

用手动搅碎机处理蔬菜更省事。

1 胡萝卜、洋葱切碎，鸡蛋打散。

请尽量选择无糖的纯草莓酱。

2 用平底锅把面包片两面微微煎变色，在一面薄薄涂一层草莓酱。

3 把胡萝卜和洋葱倒入鸡蛋液中搅拌均匀。热锅中倒入橄榄油，然后倒入混合好的鸡蛋液，用炒西式滑蛋的方法将蛋液炒熟。

4 放入马苏里拉奶酪，快速翻炒。

5 把炒蛋倒在面包片上，表面挤一些是拉差辣酱，最后撒入欧芹粉即可。

香辣金枪鱼拌饭

　　金枪鱼拌饭中既有蛋白质和蔬菜，也有碳水化合物，还能提供饱腹感，是减脂期颇受欢迎的一道菜。

　　对了，金枪鱼需要过一下热水，去除油脂，大家都还记得吧？

　　各种新鲜时蔬配上辣辣的调味料，再拌上单面煎的半熟太阳蛋，真是太有食欲了！

材料

- ☐ 金枪鱼罐头　1个（85克）
- ☐ 杂粮饭　100克
- ☐ 洋葱　1/8个（30克）
- ☐ 胡萝卜　1/8个（30克）
- ☐ 尖椒　1个
- ☐ 生菜叶　5片
- ☐ 海苔片　1/2片
- ☐ 鸡蛋　1个
- ☐ 橄榄油　1/3勺

拌饭酱

- ☐ 芝麻盐　1/2勺
- ☐ 蒜末　1/3勺
- ☐ 是拉差辣酱　1勺
- ☐ 椰枣汁（或蜂蜜）　1/3勺
- ☐ 水　1勺
- ☐ 橄榄油　1/3勺

1　洋葱和胡萝卜切丝，尖椒切碎，生菜和海苔用剪刀剪碎。

2　金枪鱼放在筛子中，过一下热水，去掉油脂。

3　热锅中倒入橄榄油，煎1个太阳蛋。

4　将拌饭酱需要用到的材料混合，加入尖椒碎拌匀。

5　大碗中先盛一些杂粮饭，然后将洋葱、金枪鱼、生菜、胡萝卜、海苔和煎蛋摆放在米饭上，最后放入拌饭酱拌匀即可。

菠菜豆腐炒蛋

 晚餐

菠菜中含有丰富的维生素、钙和铁。

今天我们用菠菜、豆腐和鸡蛋做一道健康的晚餐。嫩滑的炒豆腐鸡蛋碎和焯过水的菠菜，还有吃起来"咯吱咯吱"响的花生碎，口感别提多丰富了！

材料

- ☐ 菠菜　1把（70克）
- ☐ 豆腐　1/3盒（100克）
- ☐ 花生　15个（15克）
- ☐ 鸡蛋　2个
- ☐ 香油　1勺
- ☐ 盐　1/5勺
- ☐ 胡椒粉　少许
- ☐ 橄榄油　1/3勺

1 菠菜洗净沥干，撕成适口大小。

2 豆腐用刀背碾碎，花生切碎，鸡蛋打散。

3 菠菜放在筛网中过热水焯一下。

4 热锅中倒入橄榄油，放入豆腐和鸡蛋，按西式滑蛋做法炒熟。

5 玻璃碗中放入菠菜、豆腐炒蛋、花生、香油、盐和胡椒粉，搅拌均匀即可。

减脂拌面

　　你有没有发现，吃香辣酸甜味道的食物特别有助于解压？所以我经常做这款拌面来吃。

　　富含膳食纤维的低卡面条和蔬菜，配上健康拌饭酱，味道不输外面的餐厅，吃起来连心情都会变好了。上面加个煮鸡蛋或瘦肉片一起吃也不错。

材 料

- 低卡面条（或魔芋面）
  1/2袋（75克）
- 洋葱　1/8个（30克）
- 黄瓜　1/4个（45克）
- 圆白菜　100克
- 泡菜　40克
- 鸡蛋　1个
- 醋　1/2勺
- 盐　1/2勺
- 芝麻　少许

拌面酱

- 大蒜　2瓣
- 洋葱　1/8个（30克）
- 苹果　1/5个（45克）
- 辣椒粉　1勺
- 酱油　1勺
- 低聚糖　1/2勺
- 香油　1勺

1 洋葱、黄瓜、圆白菜和泡菜切细丝。

2 鸡蛋放入加了醋和盐的水中煮10分钟以上，完全煮熟后拿出，放在凉水里泡一会儿。拿出来剥皮，对半切开。

如果用魔芋面，需要在热水中煮一会儿，以便去除魔芋的特殊味道。

3 低卡面条过水清洗几遍，沥干。

4 将拌面酱需要的材料放入搅拌机搅碎。

留少许黄瓜丝最后装饰用。

5 玻璃碗中放入面条、洋葱、黄瓜、圆白菜、泡菜和拌面酱，混合搅拌均匀。

6 把拌面放在好看的盘子里，摆上黄瓜丝和鸡蛋，最后撒少许芝麻即可。

鸡肉包饭

 早餐 晚餐

已经吃腻了鸡胸肉和红薯？没有时间做饭？

这种时候最适合做鸡肉包饭了。因为你要做的只是把各种食材从冰箱里拿出来，就可以开吃了。海苔上铺一片苏子叶和一片萝卜片，卷入指甲大小的杂粮饭、鸡胸肉和蒜片，一起放入口中，味道比肉包饭还好吃，而且特别管饱。搞不好会成为你一段时间的固定菜谱呢！

材料

- [ ] 杂粮饭　80克
- [ ] 即食鸡胸肉　100克
- [ ] 海苔　2片
- [ ] 苏子叶　10片
- [ ] 大蒜　4瓣
- [ ] 白萝卜片　5片
- [ ] 巴西坚果　2个
- [ ] 黑芝麻　少许

1 苏子叶洗净沥干。

2 大蒜切薄片；白萝卜片用厨房纸巾吸干水分，对半切开。

杂粮饭可以用冰激凌勺或普通勺子整理成圆球状，摆盘会更漂亮。

3 海苔切成6等份，鸡胸肉放进微波炉加热到温热。

4 盘子里摆上杂粮饭、鸡胸肉、海苔、苏子叶、大蒜、白萝卜片和巴西坚果，杂粮饭上面撒少许黑芝麻即可。

咖喱鱼饼盖饭

如果吃腻了鸡胸肉类的蛋白质食物，可以试着用鱼肉含量高的鱼饼来代替。

在有嚼劲的鱼饼和各种时蔬里，我除了添加咖喱粉，还会加一些花生酱来增香添味，这样才能创造出与众不同的鱼饼盖饭！把杂粮饭上面太阳蛋的蛋黄捅开，和杂粮饭、鱼饼搅拌均匀，就可以开吃啦！

材料

- ☐ 杂粮饭　100克
- ☐ 鱼饼　70克
- ☐ 西葫芦　1/3个（80克）
- ☐ 杏鲍菇　1/2个
- ☐ 尖椒　1个
- ☐ 鸡蛋　1个
- ☐ 咖喱粉　1/4勺
- ☐ 孜然粉　少许
- ☐ 花生酱　1/3勺
- ☐ 胡椒粉　少许
- ☐ 欧芹粉　少许
- ☐ 椰子油　2/3勺

1 鱼饼、西葫芦、杏鲍菇切小丁，尖椒切丝。

2 热锅内倒入1/3勺椰子油，煎1个太阳蛋，盛出。

小贴士

鱼饼一般淀粉含量较高，大家购买时要多看成分表，尽量选择鱼肉含量高的产品。韩国三进鱼饼的鱼肉含量达到90%以上，是我经常买的品牌。

3 锅内再倒入1/3勺椰子油，放入尖椒和西葫芦翻炒一会儿，然后放入鱼饼和杏鲍菇继续翻炒。

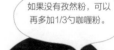

如果没有孜然粉，可以再多加1/3勺咖喱粉。

4 倒入咖喱粉、孜然粉、花生酱和胡椒粉，充分炒匀。

5 碗中盛入杂粮饭，倒入炒好的鱼饼和蔬菜，摆上太阳蛋，最后撒少许欧芹粉即可。

番茄炒蛋燕麦

 晚餐

　　"番茄和鸡蛋是绝配"简直就是真理。对这一真理深信不疑的我，在番茄炒鸡蛋里又加入了燕麦，创造出这道口感既软糯又有嚼劲，同时还营养满分的番茄炒蛋燕麦。

　　因为经常把它作为晚餐的食谱，所以我加的燕麦并不多，还会放一些菜花来增加饱腹感。这道菜好吃不腻，大家一定要试一次。

材料

- 鸡蛋　2个
- 快熟燕麦　15克
- 番茄　1/2个（250克）
- 尖椒　1个
- 菜花　70克
- 番茄酱　1勺
- 水　2/3杯
- 奶酪片　1片
- 橄榄油　2/3勺
- 胡椒粉　少许

1　番茄和尖椒切小丁，菜花切碎。

2　鸡蛋搅拌均匀，热锅中倒入1/3勺橄榄油，将鸡蛋打散炒熟。

小贴士

菜花是一种低热量、低碳水化合物的食材，已作为米饭的替代品被广泛使用。白色的菜花和西蓝花形态相似，切碎后不论是口感还是样子都和米饭很像，所以在很多菜肴中成为米饭的"替身"。西蓝花或菜花每次处理起来都要花上不少时间，有必要买一些已经处理好的冷冻菜花放在冰箱里备用。

番茄越炒味道会越浓郁。水也可以用无糖豆浆、低脂牛奶或燕麦牛奶来代替。

3　另一口锅中倒入1/3勺橄榄油，放入番茄、菜花和尖椒翻炒均匀，然后依次放入刚才炒好的鸡蛋、燕麦、番茄酱和水，小火煮一会儿。

4　放入奶酪片，等它慢慢化开就可以关火了。盛入碗中，最后撒些胡椒粉即可。

鸡肉海带汤面

　　减脂期可以多用海带来做菜。因为它富含膳食纤维，对便秘有很好的缓解作用。特别是在汤里放入海带，可以让汤的味道更加鲜美，也能丰富汤底的食材。海带、鸡肉和圆白菜煮好的汤里加入荞麦面条，就是一碗不用放盐也味道鲜美的汤面。

材料

- □ 干海带　5克
- □ 荞麦面　50克
- □ 生鸡肉　90克
- □ 圆白菜　100克
- □ 香油　1勺
- □ 蒜末　1勺
- □ 酱油　1勺
- □ 水　2杯
- □ 火麻仁　1/2勺

1 将干海带泡在凉水里10分钟，泡发后挤干水分，切成适口大小。

2 生鸡肉和圆白菜切成适口大小。

3 锅中倒入香油，放入海带、蒜末和生鸡肉翻炒一会儿，然后放入水、圆白菜和酱油煮开。

4 另一口锅中将水煮开，放入荞麦面，煮3分30秒后捞出沥干。

5 碗中放入面条，倒入步骤3的海带汤，最后撒上火麻仁即可。

长寿拌饭

　　"也许有没吃过的人，但绝不会有只吃一次的人。"这是我在社交媒体上晒出这道菜时夸下的海口，但它确实也成了一道口碑超好的人气料理。

　　看起来好像是普通的拌饭，但没想到纳豆、黄瓜、泡菜、煎蛋和香油的组合味道会那么搭。好吃100分！健康100分！吃完仿佛能活到100岁，开心的心情也是100分！

材料

- ☐ 糙米饭　100克
- ☐ 纳豆　1袋
- ☐ 黄瓜　1/3个（50克）
- ☐ 尖椒　1个
- ☐ 泡菜　45克
- ☐ 鸡蛋　1个
- ☐ 香油　1勺
- ☐ 黑芝麻　少许
- ☐ 橄榄油　1/3勺

1 黄瓜切圆片，尖椒切碎，泡菜切碎。

2 热锅内倒入橄榄油，煎1个太阳蛋。

泡菜、纳豆和香油能够起到调味的作用，但如果觉得味道有些淡，也可以加少许鱼子调味酱、明太鱼子酱或酱油。

3 纳豆用筷子搅拌几下。

4 碗中盛入糙米饭，上面依次摆上黄瓜、尖椒、泡菜和纳豆，上面放上太阳蛋，最后加香油和黑芝麻即可。

"鸭梨"沙拉

　　熏鸭和纳豆含有丰富的动植物蛋白质，脆甜的梨和酸甜的蓝莓提供有层次的口感，咸香和爽脆两种口味没想到能这么搭，是一道吃完还想吃的沙拉。

　　梨也可以换成苹果或桃子等口感脆脆的水果，不妨各种组合都尝试一下，创造出最适合自己口味的沙拉。

材 料

- □ 熏鸭　100克
- □ 梨　1/5个（100克）
- □ 洋葱　1/8个（30克）
- □ 蓝莓　18个（30克）
- □ 纳豆　1袋
- □ 纳豆酱油　1个
- □ 胡椒粉　少许
- □ 全麦薄脆饼　4个

梨皮比梨肉的抗氧化成分还多，最好保留梨皮一起入菜。

1 梨和洋葱切丝，蓝莓用流动的水洗净。

2 熏鸭用热水焯一下后切成适口大小，纳豆用筷子搅拌几下。

也可搭配全麦墨西哥薄饼或全麦面包片作为午餐食用。

3 碗中放入熏鸭块、梨、洋葱、蓝莓、纳豆和纳豆酱油搅拌均匀，盛在盘子里，上面撒一些胡椒粉。

4 盘子周围摆几片全麦薄脆饼即可。

熏鸡胸肉泡菜盖饭

　　洋葱是一种越炒甜味越浓的蔬菜。这道菜的关键就是要把洋葱炒到变成褐色。放点泡菜一起炒，味道会加分很多。如果有烟熏辣椒粉也可以加一点儿，它是一种健康的调味料。

　　只用简单的食材就可以做出满足感十足的一餐。

材 料

- ☐ 生鸡胸肉　120克
- ☐ 糙米饭　100克
- ☐ 洋葱　1/3个（80克）
- ☐ 大葱　10厘米（40克）
- ☐ 泡菜　60克
- ☐ 烟熏辣椒粉　1/4勺
- ☐ 辣椒粉　1/4勺
- ☐ 火麻仁　少许
- ☐ 橄榄油　1勺

1　洋葱切丝，大葱和泡菜切碎，鸡胸肉切成适口大小。

2　热锅中倒入橄榄油，放入洋葱，不断翻炒至洋葱变得透明。

3　放入大葱、泡菜和鸡胸肉，炒至鸡胸肉成熟，再放入烟熏辣椒粉和辣椒粉继续翻炒。

4　碗中盛入糙米饭，倒入泡菜炒鸡胸肉，最后撒入火麻仁即可。

蒜苗猪肉炒饭

　　曾经在国外吃过一次蒜苗炒猪肉，好吃得不得了，一个人吃了很多，以致太咸还喝了很多水。回到韩国以后，我时常会想念那个味道，就尝试着自己做了。

　　为了在减脂期也能放心吃，我只用蚝油来调味，另外还会加少许青阳辣椒粉提香。每一口嚼起来都那么好吃，大家一定要试一试！

128

材 料

- [ ] 糙米饭　100克
- [ ] 鸡蛋　1个
- [ ] 蒜苗　50克
- [ ] 洋葱　1/4个（50克）
- [ ] 胡萝卜　1/4个（50克）
- [ ] 猪前腿肉　80克
- [ ] 蚝油　1/2勺
- [ ] 青阳辣椒粉　1/3勺
- [ ] 橄榄油　1勺

1 蒜苗切碎，洋葱和胡萝卜也切成差不多大小。

2 猪肉切丁。

3 热锅中倒入1/3勺橄榄油，做1个煎蛋。

4 热锅中再倒入2/3勺橄榄油，放入洋葱炒一会儿，再放入蒜苗、胡萝卜、猪肉不断翻炒，炒至猪肉完全熟透。

5 放入糙米饭、蚝油和青阳辣椒粉翻炒均匀，盛盘，放上煎蛋即可。

梨吐司

 早餐

　　相对于果肉来说，梨的表皮含有更为丰富的膳食纤维和抗氧化物质。所以建议大家每次把梨洗干净，连皮一起吃。我习惯把梨切成薄片来吃，这样不太会感觉到梨皮的粗糙。

　　面包片裹蛋液煎成漂亮的金黄色，上面加入水果等装饰，在家就可以享受到不输咖啡馆甜品的美味早餐。

材料

- 全麦面包片 1片
- 梨 1/5个（100克）
- 鸡蛋 1个
- 豆浆 3勺
- 奶酪片 1片
- 杏仁酱 5克
- 肉桂粉 少许
- 椰子油 1/2勺

1 碗中磕入鸡蛋，倒入豆浆，搅拌均匀后将面包片放进去，正反两面蘸满豆浆蛋液。

梨带皮吃更健康，也可以用猕猴桃代替。这两种水果最好用倒入醋或食用小苏打的水泡一会儿，洗干净再入菜。

2 梨带皮切薄片。

3 热锅中倒入椰子油，放入面包片，两面煎至金黄。

4 将奶酪片和梨片放到面包片上，涂上杏仁酱，撒少许肉桂粉即可。

PART 4

一下午都不会饿的

便当

🍴

　　减脂期的午餐，如果点外卖，一是量不好控制，容易吃多；二是很多食物并不利于减肥。而且吃完以后要坐一下午，不但不好消化，钱包也越来越瘪了。所以我以前在公司上班的时候特别喜欢带饭。既省钱，又容易消化，还节省时间，一举多得。

　　带饭上班的日子，让我积累了很多做饭经验，开发出了不少做法简单、利于消化，且包装不容易洒漏的菜谱。为了防止吃腻，除了韩餐，我还变着花样开发出了三明治、鸡蛋料理和各种融合菜。

　　快来跟我学做富含蛋白质和碳水化合物，含适量脂肪和膳食纤维，既营养又能带来满满饱腹感的便当吧！

方形紫菜包饭（2次量）

如果感觉圆形的紫菜包饭不好卷，不妨挑战一下方形的紫菜包饭。

在紫菜上放一片方形奶酪，再在上面按照奶酪的轮廓一层层叠放其他食材就可以了。最后用紫菜把各种食材包起来，中间切一刀，不但切面像三明治一样漂亮，味道也很赞。

材 料

- ☐ 紫菜包饭专用紫菜　2片
- ☐ 杂粮饭　170克
- ☐ 鸡蛋　2个
- ☐ 墨西哥辣椒　6个
- ☐ 生菜叶　7片
- ☐ 红彩椒　1/4个（35克）
- ☐ 奶酪片　1片
- ☐ 炒饭用鳗鱼　20克
- ☐ 夏威夷果　14个
- ☐ 黑芝麻　1/4勺
- ☐ 蜂蜜　1/2勺
- ☐ 橄榄油　2/3勺

1　生菜洗净沥干，红彩椒切成正方形。

2　热锅中倒入1/3勺橄榄油，放入鳗鱼、夏威夷果、黑芝麻和蜂蜜，翻炒均匀。

3　热锅中倒入1/3勺橄榄油，煎2个鸡蛋。

4　防油纸上面放一片紫菜，紫菜中间放一片奶酪，把杂粮饭与步骤2的炒鳗鱼混合均匀，铺在上面。

5　依次再放上红彩椒、煎蛋、墨西哥辣椒、生菜和一片紫菜，将包饭形状整理成方形。

6　按照6：4的比例切开，当作午饭和早饭，或午饭和零食都可以。

蟹肉芥末油豆皮寿司

　　油豆皮寿司最适合用来带饭，但是因为它太好吃，容易一下子吃多，造成碳水化合物摄入过量。

　　而我做的油豆皮寿司，最重要的变化就是将米饭量减半，只放大概拇指那么大一截，之后用低热量的芥末和蟹肉棒来搭配。每一口都能吃出幸福的味道。

材 料

- [ ] 糙米饭 70克
- [ ] 蟹肉棒 3个
- [ ] 油豆皮 5张
- [ ] 黄瓜 1/3个（45克）
- [ ] 洋葱 1/6个（45克）
- [ ] 植物蛋黄酱 1勺
- [ ] 芥末 1/3勺
- [ ] 黑芝麻 少许

1 油豆皮放入沸水中焯一下，捞出沥干。

2 黄瓜、洋葱切丝，去掉蟹肉棒上面包裹的塑料纸，撕成细条状。

3 将黄瓜、洋葱、蟹肉棒、蛋黄酱和芥末混合均匀。

4 糙米饭分成小份，捏成团状，每份跟拇指差不多大。

米饭也可用豆腐或即食鸡胸肉等食材来代替。

5 油豆皮中先放入糙米饭，然后再填入刚才混合好的芥末蟹肉蔬菜丝，最后撒少许黑芝麻即可。

紫菜包肉

　　这道菜是既喜欢吃紫菜包饭，又喜欢吃菜包肉的朋友的福音。两道美食在一起，没有不好吃的道理。

　　一般的菜包肉不太容易一口吃掉，用紫菜包起来就很方便下嘴啦。一口下去，既有菜，又有肉，还有饭，真是太享受了。脆甜的腌萝卜片和微辣的是拉差辣酱是味道的"点睛之笔"。

材料

- 糙米饭　70克
- 紫菜包饭专用紫菜　1片
- 生菜叶　7片
- 腌萝卜片　3片
- 尖椒　2个
- 猪颈肉　100克
- 奶酪片　1片
- 是拉差辣酱　1勺
- 香油　1/3勺

1 生菜和腌萝卜片洗净沥干，切掉尖椒的柄，奶酪片平均切成3等份。

2 猪颈肉切薄片，放入锅中，用厨房纸吸去煸出的油脂。

铺好饭后稍微放凉一会儿，这样紫菜不容易皱。也可以戴上一次性手套，用手把米饭铺匀。

3 在紫菜的下1/3处把3片奶酪依次摆好，其余部分用饭勺将糙米饭均匀铺开，但注意不要铺满，上面留出30%的空白。

4 饭上铺5片生菜叶，之后依次放上腌萝卜片、猪颈肉和尖椒，挤上是拉差辣酱。

可参考P.025紫菜包饭卷制方法。

卷好后接口朝下压实静置一会儿。因食材里含有水分，可以起到很好的固定作用。

5 用剩下的2片生菜叶盖在最上面，然后用紫菜结结实实地卷起来。

6 将香油涂在紫菜包饭和刀刃上，切成小段就可以吃啦。

粗如小臂的墨西哥卷 (2次量)

　　墨西哥卷用一只手拿着就能吃，非常方便，而且里面可以卷各种各样的食材，用来带饭真是再合适不过了。

　　担心卷不好的话，可以用尺寸大一些的薄饼，或用两张小的薄饼部分重叠在一起卷，这样就能卷成像小臂那么粗的墨西哥卷啦！

140

材料

- ☐ 全麦薄饼　1个
- ☐ 鸡蛋　2个
- ☐ 蟹肉棒　3个
- ☐ 苏子叶　6片
- ☐ 胡萝卜　1/3个（70克）
- ☐ 洋葱　1/5个（50克）
- ☐ 尖椒　2个
- ☐ 腌萝卜片　2片
- ☐ 奶酪片　1片
- ☐ 黄芥末　1勺
- ☐ 橄榄油　1/3勺

1 苏子叶洗净沥干，胡萝卜和洋葱切丝，辣椒去柄。

2 鸡蛋打散；蟹肉棒去掉塑料纸，撕成丝。

3 热锅中倒入橄榄油，用厨房纸巾将橄榄油均匀涂抹整个锅底。倒入蛋液，蛋饼成形后关火冷却。

4 将蟹肉棒、洋葱、胡萝卜和黄芥末搅拌均匀，制成蟹肉沙拉。

> 薄饼煎的时间过长会变硬易碎，稍微煎一下就可以。

5 全麦薄饼放入煎锅中煎一小会儿。

6 防油纸铺在最下面，上面依次铺上全麦薄饼、蛋饼、4片苏子叶、腌萝卜片、奶酪片、蟹肉沙拉、尖椒和2片苏子叶，然后像卷紫菜包饭一样卷起来。

> 第一次卷可能会比较松，所以需要用防油纸再卷一次。

7 再用一张防油纸包在外面，两头要包严，以防食材漏出来。包的时候要一边按一边包，这样会比较结实。

> 可参考P.023薄饼卷制方法。

8 按照6∶4的比例切开，大的当作午餐，小的当作零食或早餐。

酸奶杯

　　我之前总在琢磨"如果早上在家吃的酸奶杯能随时随地吃到就好了"，于是创造了这个食谱。上下由两个杯子组合成的两用随身杯，可以将酸奶和木斯里、水果分开装，确保麦片不会被提前泡软。

　　在繁忙的早晨，或注意力下降的下午，不妨来个酸奶水果杯提提神吧！

材料

- ☐ 无糖酸奶　100毫升
- ☐ 木斯里　40克
- ☐ 蓝莓　27个（50克）
- ☐ 猕猴桃　1/2个
- ☐ 可可粒　1/2勺
- ☐ 杏仁　12个

猕猴桃皮含有丰富的膳食纤维、叶酸和维生素。洗净连皮一起吃的口感也是不错的。

1 蓝莓洗净沥干，猕猴桃切成适口大小。

2 依次将木斯里、猕猴桃、可可粒、蓝莓和杏仁放入容器。

最好使用可分离成两个密闭容器的两用随身杯。

Σ　小贴士　Σ

我用的是两用随身杯，但其实也可以用差不多大小的其他容器。如果担心容器的密封性，酸奶可以选择比较浓稠的希腊酸奶。

3 在另一密闭容器中倒入酸奶，吃之前将酸奶和各种食材混合在一起即可。

苏子叶越南春卷

　　越南春卷对于减脂人士来说，是最佳的外食选择，因为可以吃到很多新鲜蔬菜。不过现在它也可以成为带饭的最佳选择了！

　　被蔬菜和熏鸭肉塞得满满的越南春卷，外面再包上一层苏子叶，这样既可以防止春卷皮粘在一起，也更方便入嘴。蘸些低脂花生酱蘸料，味道就更香啦！

材料

- [ ] 越南春卷皮 6张
- [ ] 熏鸭肉 110克
- [ ] 苏子叶 6片
- [ ] 猕猴桃 1个
- [ ] 红彩椒 1/4个（30克）
- [ ] 黄彩椒 1/4个（30克）
- [ ] 黄瓜 1/5个（30克）
- [ ] 尖椒 1个

花生酱蘸料

- [ ] 花生酱 1勺
- [ ] 植物蛋黄酱 1/2勺
- [ ] 黄芥末 1/2勺
- [ ] 柠檬汁 1勺

猕猴桃皮含有丰富的膳食纤维、维生素和叶酸，口感也不错。

1 苏子叶洗净沥干。

2 猕猴桃带皮切薄片，彩椒和黄瓜切丝，尖椒切碎。

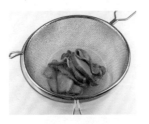

3 熏鸭肉放入沸水中焯烫后捞出，沥干。

4 按食谱制作花生酱蘸料。

5 春卷皮放在温水中泡一下后立即拿出，上面放熏鸭肉、猕猴桃、彩椒、黄瓜和尖椒后卷起。

6 用苏子叶将春卷包好，防止粘连，一个个码放在饭盒里即可。

145

半条彩虹三明治

 早餐 午餐

　　一般做三明治会用到两片面包，做好以后的三明治胖鼓鼓的，一不小心就会摄入过多的碳水化合物。如果每次吃半个，一个分成两顿吃也可以，但问题是常常会不知不觉吃掉一整个。

　　现在我们不妨尝试做"半个三明治"吧。只用一片面包搭配其他蔬菜就可以。这样就算吃下整个三明治也不会有负罪感。能够提升饱腹感、降低体重，这道食谱也太绝了吧！

材 料

- [ ] 全麦面包片　1片
- [ ] 即食鸡胸肉　80克
- [ ] 生菜　8片
- [ ] 猕猴桃　1个
- [ ] 红彩椒　1/2个（50克）
- [ ] 洋葱　1/5个（30克）
- [ ] 鸡蛋　1个
- [ ] 奶酪片　1片
- [ ] 整粒芥末籽酱　1/2勺
- [ ] 橄榄油　1/3勺

1 生菜洗净沥干，猕猴桃洗净。

2 彩椒切薄片，猕猴桃带皮切片，洋葱切丝。

3 平底锅中放入面包片，小火煎至微微焦黄。

4 热锅中倒入橄榄油，煎1个太阳蛋。

5 鸡胸肉撕成丝，将芥末酱均匀抹在面包片上。

6 最底下垫一张防油纸，然后依次摆入面包片、奶酪片、洋葱、彩椒、鸡胸肉、猕猴桃、煎蛋和生菜。

可参考P.021的三明治包装法。

7 用防油纸卷紧后对半切开即可。

菜花炒饭杯

　　用鸡肉、鸡蛋、豆渣等富含动植物蛋白质的食物，和用来代替米饭、以减少碳水化合物摄入的菜花一起炒出来的炒饭，难道不是减脂人士最想要的食谱吗？

　　用进深高一些的杯子容器盛好，再挤上一些是拉差辣酱，不论在办公室还是在书桌前，都是方便快捷的一餐。

✎ 材 料

- ☐ 生鸡肉　80克
- ☐ 鸡蛋　1个
- ☐ 豆渣　60克
- ☐ 冷冻混合蔬菜　80克
- ☐ 菜花　80克
- ☐ 马苏里拉奶酪　20克
- ☐ 是拉差辣酱　1勺
- ☐ 橄榄油　2/3勺

1　鸡肉切小块，鸡蛋打散。

2　热锅中倒入1/3勺橄榄油，倒入蛋液，炒熟盛出。

3　不用洗锅，再倒入1/3勺橄榄油，放入混合蔬菜、鸡肉和菜花不断翻炒，直到鸡肉完全成熟，然后再放入豆渣和马苏里拉奶酪翻炒均匀。

4　倒入炒蛋，继续翻炒均匀。

如果没有是拉差辣酱，可用盐和胡椒粉调味。

5　盛入容器中，表面挤上是拉差辣酱即可。

豆腐泡菜墨西哥卷（2次量）

早餐　午餐　零食

　　这是一道用豆腐和泡菜制成的墨西哥卷。

　　鉴于减脂期要控制好钠的摄入，泡菜放一点儿就好，然后搭配尖椒、洋葱、西蓝花和杏鲍菇，炒出一盘美味低盐的泡菜炒蔬菜备用。最后薄饼里卷入蛋饼、煎豆腐和泡菜炒蔬菜，这样营养丰富的一餐就轻松搞定了。

材 料

- ☐ 全麦薄饼　1片
- ☐ 豆腐　2/3盒（200克）
- ☐ 鸡蛋　2个
- ☐ 西蓝花　60克
- ☐ 杏鲍菇　1个
- ☐ 洋葱　1/4个（50克）
- ☐ 尖椒　1个
- ☐ 泡菜　70克
- ☐ 紫菜包饭专用紫菜　1片
- ☐ 橄榄油　2/3勺

1 将西蓝花、杏鲍菇切成适口大小，洋葱切片，尖椒和泡菜切碎。

2 鸡蛋打散，豆腐切成条状。

3 热锅中倒入1/3勺橄榄油，用厨房纸巾均匀涂抹至整个锅底，倒入蛋液，煎成薄蛋饼后盛出冷却。

4 热锅中再倒入1/3勺橄榄油，放入尖椒和洋葱进行翻炒，然后放入泡菜、西蓝花和杏鲍菇继续翻炒，炒熟后盛出备用。

5 平底锅中分别放入豆腐和薄饼，微微煎一下。

可参考P.023薄饼卷制方法。

6 最底下垫一张防油纸，上面依次摆入薄饼、蛋饼、豆腐和泡菜炒蔬菜，并在最上面盖一张紫菜，然后小心卷起。

7 外面再卷一层防油纸，注意两侧要包裹严实，以防食材漏出。

8 按照6：4的比例切开，大的当作午餐，小的当作零食或早餐。

黄瓜三明治

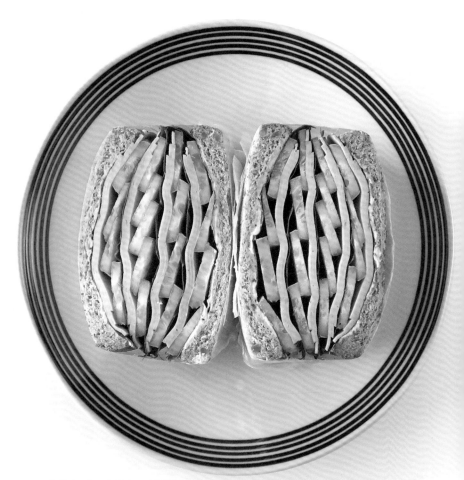

　　在旅行时，我曾经品尝过英国贵族最喜欢的黄瓜三明治，吃到第一口就惊艳了。虽然只有面包、奶油奶酪和黄瓜三种食材，但味道既纯粹又高级。不过作为减脂食谱，我稍微做了些调整，额外添加了鸡胸肉火腿，并用希腊酸奶和植物蛋黄酱来代替奶油奶酪。

　　它是三明治，它又不只是三明治。

材 料

- [ ] 全麦面包 2片
- [ ] 黄瓜 1个
- [ ] 苏子叶 5片
- [ ] 鸡肉火腿 150克
- [ ] 希腊酸奶 1勺
- [ ] 植物蛋黄酱 1勺
- [ ] 欧芹粉 少许

1 黄瓜切片，苏子叶揪掉叶柄。

2 面包片放在平底锅中，双面煎至微黄。

也可用低脂奶酪代替。

3 将希腊酸奶、蛋黄酱和欧芹粉混合搅拌均匀，抹在2片面包上。

4 底部垫好防油纸，上面依次放上面包、苏子叶、黄瓜和鸡肉火腿，然后盖上另一片面包。

可参考P.021三明治包装法。

5 用防油纸将三明治包好，按照6∶4的比例切开，大的当作午餐，小的可当作零食或早餐。

羽衣甘蓝面条卷

　　用羽衣甘蓝代替墨西哥薄饼或面包制作的卷饼虽然碳水化合物含量低，热量也低，但味道却和高热量食物一样美味。在我的"急增急减"视频记录中，可以看到很多连续几天只吃这道菜的"粉丝"们。

　　强烈推荐那些不爱吃蔬菜的朋友也来尝试一下，可能会有惊喜哦！

材料

- ☐ 金枪鱼罐头 1个（85克）
- ☐ 低卡面条 1袋（150克）
- ☐ 羽衣甘蓝 2片
- ☐ 胡萝卜 1/2根（65克）
- ☐ 紫菜包饭专用紫菜 1片
- ☐ 墨西哥辣椒 6个
- ☐ 蟹肉棒 2个
- ☐ 奶酪片 1片
- ☐ 植物蛋黄酱 1勺
- ☐ 是拉差辣酱 1勺
- ☐ 橄榄油 1/3勺

1 将羽衣甘蓝中间的硬心部分去掉，胡萝卜切成尽量细的丝。

2 用勺子将金枪鱼罐头中的油脂撇去，低卡面条煮好后沥干。

Σ 小贴士 Σ

植物蛋黄酱是由豆子制成的，所以绝对不含胆固醇，它比一般的蛋黄酱或低脂蛋黄酱的热量还要低，属于素食蛋黄酱。味道相对清爽，也不用担心长肉。

3 热锅中倒入橄榄油，放入胡萝卜丝快速翻炒。

将蟹肉棒的包装纸去除，撕成条状。

4 将金枪鱼、蟹肉棒、面条、蛋黄酱、是拉差辣酱混合搅拌均匀。

5 底部垫好防油纸，先将2片羽衣甘蓝横着交错铺好，上面放1片紫菜叶。

6 按照奶酪片、胡萝卜、墨西哥辣椒、金枪鱼拌面的顺序一层层铺好，然后将羽衣甘蓝整个卷起，用防油纸包装好。

7 按照6：4的比例切开，分别当作晚餐和零食。

尖椒萝卜紫菜包饭

　　一般的紫菜包饭里会卷入很多米饭，这对于减脂人士来说不太友好。

　　所以我研制出来的这道紫菜包饭里只铺一层薄薄的糙米饭，其他地方用奶酪和各种蔬菜作为填充，这样就能减少碳水化合物的摄入了。不仅口感丰富有层次，还能带来强烈的饱腹感。

　　我曾经沉迷于这道紫菜包饭很久，以至于获得了"米又紫（DDMINI又吃紫菜包饭）"的昵称。

材料

- ☐ 糙米饭　60克
- ☐ 鸡蛋　2个
- ☐ 腌萝卜片　5片
- ☐ 紫菜包饭专用紫菜　1片
- ☐ 苏子叶　7片
- ☐ 尖椒　2个
- ☐ 胡萝卜　1/2根（60克）
- ☐ 奶酪片　1片
- ☐ 橄榄油　1勺
- ☐ 香油　1/3勺

用多功能切菜器擦胡萝卜丝会更方便。

1 苏子叶洗净沥干，尖椒切掉柄部，胡萝卜切成尽量细的丝。

2 鸡蛋打散，腌萝卜片沥干水分，奶酪片分成3等份。

也可以趁热将蛋饼取出，放在专门卷紫菜包饭的卷帘中将鸡蛋卷起，这样不但卷得结实，形状也会更漂亮。

3 热锅中倒入1/3勺橄榄油晃匀，倒入鸡蛋液煎成蛋饼，保持小火的状态，将蛋饼卷起来。

4 不用洗锅，倒入另2/3勺橄榄油，将胡萝卜丝炒熟。

将紫菜粗糙的一面朝上，且略微长的那条边纵向铺好，这样更方便卷。也可以戴着一次性手套，用手把米饭均匀铺开。

卷好后接口朝下压实静置一会儿。因食材里含有水分，可以起到很好的固定作用。

可以参考P.025紫菜包饭卷制作方法。

5 在紫菜的下三分之一处把3片奶酪依次摆好，其余部分用饭勺将糙米饭均匀铺开，但注意不要铺满，留出30%的空白。

6 按照5片苏子叶、腌萝卜片、胡萝卜、尖椒、鸡蛋卷、2片苏子叶的顺序依次摆好，就可以卷起来了。

7 将香油涂在紫菜包饭及刀刃上，切成小段就可以吃啦。

胡萝卜豆腐三明治（2次量）

　　减脂期间，用两片面包做成的三明治如果吃起来有负担，不妨用豆腐来代替其中一片面包。鸡胸肉和豆腐提供蛋白质，脆脆的胡萝卜和辣滋滋的尖椒让口感更加丰富有层次。

　　用不同食材就能搭配出万千种口味的三明治，真是百吃不厌。

材 料

- 全麦面包　1片
- 豆腐　1/3盒（100克）
- 即食鸡胸肉　140克
- 尖椒　3个
- 胡萝卜　1/2根（90克）
- 苏子叶　7片
- 奶酪片　1片
- 黄芥末　1勺
- 胡椒粉　少许
- 橄榄油　1/3勺

1 尖椒去柄，胡萝卜切细丝，苏子叶洗净沥干。

2 热锅中倒入橄榄油，将胡萝卜放入翻炒一会儿，撒少许胡椒粉。

> 豆腐最好选择质地坚实的北豆腐。

3 鸡胸肉撕成条，豆腐切成近似面包片的厚度，放入平底锅中开大火，把水分煎干。

4 平底锅中放入面包片，两面煎成金黄色。

> 如果不太能吃辣可以少放一些尖椒，或者干脆用青椒来代替。可参考P.021三明治包装法。

5 防油纸铺好，上面依次放入面包片、奶酪片、鸡胸肉、尖椒、黄芥末、胡萝卜、苏子叶和豆腐，然后包装好。

6 按照6∶4的比例切开，分别当作午餐和早餐，或者午餐和零食。

全麦鸡蛋三明治（2次量）

颜色漂亮、味道超出想象、还能提供满满饱腹感的三明治，就是这一款啦！

有了提前备餐时就做好的鹰嘴豆泥和胡萝卜甜菜头拉佩，制作时间也节省了许多。

味道甜滋滋又不腻，吃过一次就好像被施了"吃完还想吃"的魔法。不信就试试看。

材 料

- ☐ 全麦面包　2片
- ☐ 鸡蛋　2个
- ☐ 尖椒　3个
- ☐ 三色鹰嘴豆泥　165克
  （参考P.202相关内容）
- ☐ 胡萝卜甜菜头拉佩　100
  克（参考P206相关内容）
- ☐ 奶酪片　1片
- ☐ 植物蛋黄酱　1勺
- ☐ 黄芥末　1勺
- ☐ 醋　1/2勺
- ☐ 盐　1/2勺

1　鸡蛋放入醋盐水煮10分钟以上，然后放入冰水中过凉，剥壳待用。

2　鸡蛋对半切开，尖椒去柄。

> 如果煎好的面包片竖着靠在一起不会倒塌，就说明煎到位了。

3　鹰嘴豆泥、蛋黄酱、黄芥末混合均匀。

4　平底锅中放入面包片，两面成金黄色。

> 可参考P.021三明治包装法。

5　防油纸铺开，上面放1片面包并抹上步骤3的鹰嘴豆泥，然后依次放上鸡蛋、尖椒、胡萝卜甜菜头拉佩、奶酪片和另1片面包，最后包装好。

6　按照6∶4的比例切开，作为午餐和早餐，或者午餐和零食食用。

鸡肉红薯蔬菜包饭

午餐　晚餐

　　这是用鸡胸肉、红薯和蔬菜"完美变身"的又一道紫菜包饭。用红薯泥代替米饭，搭配有特殊香气的苏子叶和刺激味蕾的墨西哥辣椒，是这道紫菜包饭的精华所在。这几样非常普通的、味道再熟悉不过的食材，没想到组合在一起后会产生如此美妙的"化学反应"，味道既熟悉又新鲜，真是完美的搭配！

材料

- 红薯　110克
- 即食鸡胸肉　100克
- 苏子包饭专用紫菜　1片
- 苏子叶　8片
- 胡萝卜　1/4个（50克）
- 奶酪片　1片
- 墨西哥辣椒　7个
- 水　1勺
- 香油　1/3勺
- 橄榄油　1/3勺

如果太稠不方便搅拌，可以一边加水一边搅。

1 红薯削皮切小块，鸡胸肉切成适口大小。

2 耐热容器中放入红薯和水，用保鲜膜封好，上面扎几个小孔，放入微波炉加热2分钟，拿出后用叉子碾成泥。

3 苏子叶去柄，胡萝卜切细丝，奶酪片分成3等份。

4 热锅中倒入橄榄油，将胡萝卜翻炒一会儿。

红薯泥需放凉。

参考P.025紫菜包饭卷制方法。

5 在紫菜的下三分之一处把3片奶酪依次摆好，其余部分用饭勺将红薯泥均匀铺好，但注意不要铺满，上面留出30%的空白。

6 按照5片苏子叶、鸡胸肉、墨西哥辣椒、胡萝卜和3片苏子叶的顺序依次摆好，卷成紫菜包饭。

7 在紫菜包饭和刀刃上抹一些香油，切成小段即可。

PART 5

呵护健康，保护环境的

素食

环境问题是当今世界的热门话题，既环保又对身体健康有好处的素食运动也因此逐渐兴起。

虽然成为一个彻头彻尾的素食主义者不太容易，但一周选两三天完全吃素应该不难做到。你会发现不但自己的身体变得轻盈了，就连冰箱里囤积的蔬菜因为能被充分利用也都消失不见了。

我作为一名健康餐小能手，非常了解大家在减脂路上遇到的各种障碍，比如懒得用太多食材和调味料做饭，比如天天自己做饭做到没有灵感。所以我针对大家的需求，开发了这套素食食谱，相信你一定会爱上蔬菜！

快点抛弃对素食的偏见，来试试这些超级美味的素食大餐吧。

海带丝豆腐炒面

　　用富含膳食纤维的海带丝、富含植物蛋白的豆腐丝和富含维生素的蔬菜做成的炒面，既营养丰富，又能提供足够的饱腹感，是一道非常值得推荐的减脂食谱。

　　各种食材颜色丰富，口感和味道也富有层次，而且只加香油炒一炒就行，特别方便快捷。海带丝本身就带有咸咸的味道，调味也变得简单许多。

材 料

- [ ] 海带丝 70克
- [ ] 豆腐丝 50克
- [ ] 胡萝卜 1/3个（40克）
- [ ] 洋葱 1/5个（30克）
- [ ] 彩椒 1/3个（40克）
- [ ] 尖椒 1个
- [ ] 香油 1勺
- [ ] 黑芝麻 少许
- [ ] 橄榄油 1/2勺

需要把海带丝本身的盐分冲洗干净，不然会太咸。

1 用清水反复冲洗海带丝，放到凉水中浸泡5分钟以上，捞出沥干。

2 胡萝卜、洋葱和彩椒切细丝，尖椒剁碎。

3 热锅中倒入橄榄油，放入洋葱和尖椒翻炒一会儿，然后加入胡萝卜丝、海带丝、彩椒丝和豆腐丝继续翻炒均匀。

4 加入香油后快速翻炒几下就可出锅，最后撒入少许黑芝麻。

豆腐球 （2次量）

  早餐 午餐 零食

　　表面酥脆，内里又很有嚼劲，便是这道让人吃到停不下来的豆腐球。冻豆腐特有的口感，搭配香甜的杏仁、爽辣的蔬菜和辛香料，一点儿都不会觉得腻。

　　没有空气炸锅也无妨，用平底锅煎成扁圆的小饼也很好吃。

🏷️ 材 料

- ☐ 冻豆腐 1块
- ☐ 洋葱 1/4个（70克）
- ☐ 胡萝卜 1/5个（50克）
- ☐ 杏仁 20颗
- ☐ 尖椒 1个
- ☐ 苏子叶 5片
- ☐ 全麦粉 3勺
- ☐ 咖喱粉 1/2勺
- ☐ 烟熏辣椒粉 1/4勺
- ☐ 香草盐 1/4勺
- ☐ 橄榄油 少许

1 用手动搅碎机把洋葱、胡萝卜、杏仁和尖椒搅碎，然后放入苏子叶再搅几下。

2 冻豆腐解冻，挤干水分后碾成豆腐泥。

Σ 小贴士 Σ

豆腐连盒一起冷冻即可。需要用的时候拿出来自然解冻，或放进微波炉解冻。记得解冻后一定要把水分挤出来。豆腐先冷冻再解冻挤干水分，口感会变得更加有韧性。

3 碗中放入步骤1的蔬菜碎、步骤2的豆腐泥、全麦粉、咖喱粉、烟熏辣椒粉和香草盐，充分搅拌均匀至呈面团状。

也可以将平底锅抹油，把面团捏成扁圆的小饼，慢慢将两面煎成金黄色。

4 把面团挤成一个个小丸子，放在空气炸锅中，表面喷少量橄榄油，180℃加热10分钟，翻面后再加热10分钟即可。

凉拌白菜拼盘

 早餐 午餐

　　白菜含水量大，且富含膳食纤维，非常适合减脂期食用。而且白菜中的维生素C加热后的营养流失率低，稍微汆烫后和紫苏粉拌在一起，既好吃又有营养。

　　对了，白菜焯完后马上放调味料拌好，那时候的味道是最棒的。

材 料

- ☐ 白菜心　140克
- ☐ 尖椒　1个
- ☐ 圣女果　8个
- ☐ 糙米饭　100克
- ☐ 豆腐　1/3盒（100克）
- ☐ 紫菜　2片
- ☐ 黑芝麻　少许
- ☐ 酱油　1/2勺
- ☐ 蒜末　1/3勺
- ☐ 紫苏粉　1勺
- ☐ 香油　1勺

1 白菜去掉根部后逐片掰开，尖椒切丝。

2 白菜用开水焯一下，捞出沥干，撕成条状。

3 碗中放入白菜、酱油、蒜末、紫苏粉和香油，搅拌均匀。

若想吃温热的豆腐，可放在开水中焯一下。

4 豆腐用水冲洗干净后切块，紫菜分成6等份。

米饭整理成半圆形摆盘会更好看。

5 盘子里依次摆入步骤3的拌白菜、糙米饭、豆腐、紫菜、尖椒和圣女果，最后在米饭上撒少许黑芝麻即可。

大酱奶油意面

大酱和奶油，这两个词是不是听起来特别不搭？

其实韩国大酱的应用范围非常广，适用于各种料理，即便不额外添加其他调味料，也能做出有滋有味的菜肴。

大酱与豆浆，大葱与尖椒，用它们做出的创意融合意面，搭配半熟水煮蛋或纳豆，将是非常美味的一餐。

材料

- 全麦意面（意大利宽面） 30克
- 西蓝花 90克
- 大葱 19厘米（70克）
- 尖椒 1个
- 燕麦奶（或无糖牛奶） 2/3杯
- 低盐大酱 1/2勺（或普通大酱 1/3勺）
- 橄榄油 1/2勺
- 盐 少许

1 西蓝花切成适口大小，大葱和尖椒切碎。

煮的时间要比包装上写的时间短一两分钟。

2 沸水中放少许盐，将意面放进去煮5分钟后捞出。

3 热锅中倒入橄榄油，先放大葱和尖椒翻炒几下，炒出葱香后放入西蓝花继续翻炒。

4 放入燕麦奶和西蓝花，转中火翻炒均匀。

还可搭配半熟的水煮蛋或纳豆。

5 倒入大酱后稍微煮一会儿就可以盛出装盘了。

173

红扁豆洋葱奶油咖喱（2次量）

　　红扁豆是豆类食物中含植物蛋白质较高的一种，对减脂人士来说，是像"礼物"一样的食材。

　　在具有异国风味的咖喱里加入红扁豆，味道简直和我之前在一家咖喱专门店中吃到的"这辈子吃过的最好吃的咖喱"一模一样。

　　洋葱一定要炒到变成棕黄色，点睛之笔花生酱记得一定要放，再加上增香的孜然粉和豆浆，浓香扑鼻的咖喱就做好了。

材 料

- ☐ 红扁豆　1杯
- ☐ 洋葱　1个
- ☐ 香葱　13厘米（10克）
- ☐ 糙米饭　100克
- ☐ 无糖豆浆　1盒（190毫升）
- ☐ 花生酱　1勺
- ☐ 咖喱粉　1½勺
- ☐ 孜然粉　1/2勺
- ☐ 椰子油　1勺

1 红扁豆淘洗后放在温水中浸泡30分钟，捞出沥干。

2 洋葱切小块，香葱切碎。

3 锅中倒入椰子油，放入洋葱，用中火炒至洋葱变软。

花生酱
宜选用100%花生制成的纯花生酱。

4 搅拌器中放入洋葱、豆浆和花生酱，搅打成糊。

5 锅中倒入步骤4的洋葱豆浆糊、红扁豆、咖喱粉和孜然粉，边煮边搅拌，防止产生小疙瘩。

也可搭配鸡蛋或虾仁。

6 盘子里摆入糙米饭，另一侧倒入步骤5的红扁豆咖喱糊，最后撒少许小葱即可。

纳豆海带醋盖饭

　　减脂期会遇到各种各样的困难，便秘算是其中之一。有了这道纳豆海带醋盖饭，逃脱便秘的苦海指日可待！纳豆含有丰富的植物蛋白质和膳食纤维，醋拌海带能加速肠胃蠕动。各种食材搭配起来味道非常好，还能产生足够的饱腹感，吃完连心情都变好了。

材　料

- ☐ 纳豆　1袋
- ☐ 干海带　8克
- ☐ 洋葱　1/5个（30克）
- ☐ 黄瓜　1/4个（50克）
- ☐ 杂粮饭　100克
- ☐ 醋　1勺
- ☐ 纳豆酱油　1包
- ☐ 香油　1勺
- ☐ 黑芝麻　少许

1 干海带放入凉水中浸泡10分钟，捞出挤干，适当切碎。

2 洋葱和黄瓜切细丝，纳豆用筷子搅拌均匀。

海带拌菜可以作为提前备餐的小菜一次多做出几份。

部分米饭可替换成豆腐，作为晚餐时甚至可以不用米饭，完全用豆腐来代替。

3 碗中放入海带、洋葱、黄瓜、醋、纳豆酱油，充分搅拌均匀。

4 碗中盛入米饭，摆上步骤3的洋葱拌海带和步骤2的纳豆，最后淋少许香油并撒少许黑芝麻作为点缀即可。

豆渣蘑菇粥

  人在消化不良或胃不舒服的时候，就会特别想喝粥。如果处于减脂期，我们可以用豆渣和燕麦来代替米饭，这样煮出来的粥不但口感更加软糯，而且也很禁饿，是特别值得推荐的减脂菜谱。

  白萝卜、大葱和蘑菇一起炖煮，吃起来会有肉汤的味道，但又很清爽，再加上紫苏粉调味，一碗元气满满的早餐粥就做好了。

材 料

- ☐ 豆渣　70克
- ☐ 快熟燕麦　25克
- ☐ 白萝卜　150克
- ☐ 大葱　15厘米（40克）
- ☐ 茶树菇　1/2袋（70克）
- ☐ 紫苏粉　2勺
- ☐ 盐　少许
- ☐ 胡椒粉　少许
- ☐ 水　1½ 杯

虽然白萝卜切薄片更容易熟，但考虑到口感，还是切成小块更合适。

1 白萝卜切小块，大葱切小段，茶树菇切掉根部，切成小段。

2 锅中放入白萝卜、大葱、茶树菇，倒入水，用大火煮至白萝卜变成半透明状。

3 放入豆渣和快熟燕麦，边煮边轻轻搅拌。

4 撒入紫苏粉、盐和胡椒粉调味即可。

低盐豆腐羽衣甘蓝包饭

　　用大酱、冻豆腐和微辣的蔬菜制作的包饭酱，蛋白质含量高，钠含量低，非常适合减脂期食用。羽衣甘蓝里包上软硬适中的杂粮饭、美味的包饭酱和香脆的杏仁，也很适合作为上班便当。

　　羽衣甘蓝焯水后会微微变软，口感更佳。

材料

- ☐ 冻豆腐　1/2盒（75克）
- ☐ 羽衣甘蓝　14片
- ☐ 香葱　15厘米（15克）
- ☐ 尖椒　2个
- ☐ 糙米饭　100克
- ☐ 杏仁　7个
- ☐ 大酱　1/2勺
- ☐ 香油　1勺
- ☐ 火麻仁　1/2勺

1 冻豆腐解冻后挤干水分，碾成泥状。

2 香葱、尖椒切碎。

用南瓜叶代替羽衣甘蓝也可以。

3 羽衣甘蓝放入开水中轻焯，捞出沥干。

4 碗中放入豆腐泥、香葱、尖椒、大酱、香油和火麻仁，充分混合搅拌，制成低盐豆腐酱。

5 2片羽衣甘蓝部分重叠平铺在案板上，上面放适量糙米饭和步骤4的低盐豆腐酱，放一个杏仁，然后卷起来即可。一共可做7个。

番茄天贝意面

晚餐

  天贝这种食材，听起来很陌生吧？它是印度尼西亚具有代表性的大豆发酵食物豆酵饼，每100克中含有19克蛋白质，蛋白质含量相当高。豆酵饼不像清国酱或纳豆有着强烈的气味，口感也很软糯，类似奶酪。

  这道高蛋白低碳水意面非常适合作为晚餐食用。让我们从这道番茄天贝意面开始，来慢慢领略印尼豆酵饼的魅力吧。

材料

- [ ] 低卡面条　1/2袋（75克）
- [ ] 天贝　100克
- [ ] 洋葱　1/4个（50克）
- [ ] 泡菜　35克
- [ ] 番茄　1/4个（50克）
- [ ] 黑橄榄　2个
- [ ] 纳豆　1袋（可不加）
- [ ] 番茄酱　1½勺
- [ ] 欧芹粉　少许
- [ ] 橄榄油　1/2勺

如果用魔芋面，需要先用开水焯烫，去掉特殊味道。

1 面条用水冲洗后沥干。

2 洋葱、泡菜切碎，番茄和天贝切小块，黑橄榄切片。

Σ 小贴士 Ƹ

很多国家都有其特有的大豆发酵食品，比如韩国的清国酱和日本的纳豆，印尼的天贝也是其中之一。天贝虽然也是发酵食品，但不像清国酱或纳豆那样气味强烈，而且蛋白质含量非常高，是世界闻名的高蛋白营养食品。我平时主要从网上购买冷冻天贝，存放在冰箱冷冻层，可以随时拿出来使用，或煎、或炒，或者干脆直接吃，可以广泛用在沙拉、意面、汤、三明治、紫菜包饭等各种菜肴中。

3 热锅中倒入橄榄油，放入洋葱和泡菜翻炒一会儿，然后放入番茄和天贝炒至变软。

4 放入面条、黑橄榄和番茄酱，翻炒均匀即可出锅。

5 盛到碗中，表面撒欧芹粉和纳豆，搅拌均匀即可。

紫苏豆腐奶油意式焗饭

    营养酵母是素食者的奶酪替代品，在素食者中非常有名。作为奶酪的替代品入菜，不仅能增添浓浓的奶香味，还能补充素食者大都缺乏的B族维生素。再加上含有丰富的蛋白质，在任何食物中都可以加上一点儿，应用非常广泛。

    营养酵母搭配紫苏粉做成的紫苏豆腐奶油意式焗饭，既美味又管饱，建议你一定要试一下。

材 料

- [ ] 杂粮饭　100克
- [ ] 嫩豆腐　100克
- [ ] 燕麦奶（或无糖豆浆）2/3杯
- [ ] 洋葱　1/4个（50克）
- [ ] 杏鲍菇　1个
- [ ] 尖椒　1个
- [ ] 苏子叶　6片
- [ ] 紫苏粉　1/2勺
- [ ] 营养酵母　1勺
  （或紫苏粉　1/2勺）
- [ ] 胡椒粉　少许
- [ ] 椰子油　1/2勺

1 洋葱和蘑菇切小块，尖椒和苏子叶切碎。

2 热锅中倒入椰子油，放洋葱和尖椒翻炒一会儿，接着放入杏鲍菇。

如果没有营养酵母，可以再加1/2勺紫苏粉。可根据个人喜好酌情加盐。留少许苏子叶作为最后装饰。

3 放燕麦奶、嫩豆腐和米饭煮开，之后倒入紫苏粉、营养酵母和苏子叶，搅拌均匀。

4 盛入碗中，撒胡椒粉和少许苏子叶即可。

杏仁豆浆面

 午餐

　　想吃豆浆面的时候，可以试试这道用无糖豆浆、杏仁和豆腐制成的杏仁豆浆面。把各种食材放进搅拌机一搅就完事了，是不是很简单？

　　因为放了杏仁，汤汁带有浓浓的杏仁香气，豆腐经过搅拌机的充分研磨，豆香也完全散发出来，二者混合在一起，真是太好喝了。

　　如果想要更加健康，面条可以用全麦的，这样就是清爽又美味的一餐。

材 料

- ☐ 全麦面条 50克
- ☐ 黄瓜 1/5个（30克）
- ☐ 圣女果 3个
- ☐ 杏仁 20颗
- ☐ 无糖豆浆 1袋（190毫升）
- ☐ 豆腐 1/2盒（150克）
- ☐ 盐 1/4勺
- ☐ 黑芝麻 少许

1 黄瓜切丝，圣女果对半切开。

2 搅拌机中放入15颗杏仁、豆浆、豆腐，撒盐，搅拌打碎制成杏仁豆浆。

面条
放在凉水中快速搅几下后捞出，重复几次面条会更劲道。

3 面条在热水中煮熟，捞出后过凉水，沥干。

用魔芋
面代替全麦面条作为晚餐也是不错的选择。魔芋面需要放入开水中焯烫，以去除特殊味道。

4 碗中放入面条，倒入杏仁豆浆，上面摆黄瓜、圣女果，撒黑芝麻和5颗杏仁作为装饰即可。

大酱豆腐拌饭

最好吃的坚果——夏威夷果和韩国大酱制成的拌饭酱，既健康又美味。

用杂粮饭铺底，放上各种蔬菜、鹰嘴豆和豆腐，再加入"点睛之笔"——拌饭酱，拌好之后用勺子挖1大勺放进嘴里，你会瞬间体会到什么叫作幸福的味道。

剩下的拌饭酱还可作为三明治的酱料使用。

材 料

- ☐ 杂粮饭　100克
- ☐ 洋葱　1/5（40克）
- ☐ 豆腐　1/4盒（75克）
- ☐ 尖椒　1个
- ☐ 泡菜　40克
- ☐ 煮熟的鹰嘴豆（或鹰嘴豆罐头）50克
- ☐ 火麻仁　少许

夏威夷果大酱拌饭酱（3次量）

- ☐ 夏威夷果　26颗
- ☐ 豆腐　1/3盒（100克）
- ☐ 黑芝麻　1/2勺
- ☐ 大酱　1/2勺
- ☐ 橄榄油　1勺
- ☐ 柠檬汁　1勺
- ☐ 无糖豆浆　3勺

多出来的可以作为三明治的酱料使用。

1 搅拌机中放入制作拌饭酱所需食材，搅打成糊状。

2 洋葱切丝，豆腐切小块，尖椒和泡菜切碎。

3 碗中依次摆入米饭、洋葱、尖椒、泡菜、豆腐和鹰嘴豆，挖1勺拌饭酱放在中间，表面撒火麻仁即可。

山药纳豆盖饭

早餐

我要向喜欢纳豆、喜欢健康餐的朋友推荐这款山药纳豆盖饭。山药中所含的黏蛋白成分有益肠胃，丰富的膳食纤维不但有利于减脂，还能有效缓解便秘。此外纳豆的蛋白质和钙含量也很高。再加上解腻的洋葱和香油，是一款接受度非常高的减脂食谱。

材料

- ☐ 山药　100克
- ☐ 纳豆　1盒
- ☐ 糙米饭　100克
- ☐ 香葱　15厘米（15克）
- ☐ 洋葱　1/5个（30克）
- ☐ 纳豆酱油　少许
- ☐ 香油　1勺
- ☐ 黑芝麻　少许

1 山药去皮切小块，香葱切碎，洋葱切丝。

2 纳豆用筷子搅拌均匀，米饭盛到碗里。

3 米饭上面铺洋葱和山药，倒入纳豆酱油和香油后，再把纳豆、香葱和黑芝麻撒在上面即可。

咖喱蔬菜面

　　晚饭想简单吃一吃的话，我推荐咖喱蔬菜面。用西葫芦和金针菇代替用面粉做的面条，是一款低碳水的素食菜谱。

　　各种蔬菜含有丰富的膳食纤维，鹰嘴豆含有丰富的蛋白质，健康营养自不必多说。各种辛香料的加入也会让你的味蕾再次"兴奋"起来，摆脱因长期吃健康餐而导致的舌头"寂寞"。

材料

- ☐ 西葫芦 1/5个（100克）
- ☐ 胡萝卜 1/5个（30克）
- ☐ 洋葱 1/5个（50克）
- ☐ 金针菇 60克
- ☐ 煮熟的鹰嘴豆（或鹰嘴豆罐头）50克
- ☐ 咖喱粉 1/3勺
- ☐ 罗勒粉 少许
- ☐ 大蒜粉 少许
- ☐ 营养酵母 1勺
- ☐ 椰子油 1勺

1 西葫芦用多功能切菜器或螺旋切丝器切成细长丝状。

2 胡萝卜和洋葱也切细长丝，金针菇去掉根部，一条条撕开。

Σ 小贴士 Σ

螺旋切丝器可以把西葫芦、胡萝卜、土豆等蔬菜削成像面条一样非常长的细丝，网购时输入关键词"手摇刨丝器"就可以找到各种型号。切丝器削出来的蔬菜整齐划一，宽度和厚度完全一致，而且又很长，不但好看，吃起来也多了一丝趣味。操作时，只需要轻松转动手柄，比用刀切方便了许多。

3 热锅中倒入椰子油，先放洋葱和胡萝卜翻炒，再放西葫芦丝、金针菇和鹰嘴豆翻炒均匀。

大蒜粉是用干燥大蒜磨成的粉，如果没有也可用蒜末代替。

4 撒入咖喱粉、罗勒粉、大蒜粉和营养酵母，炒熟即可。

PART 6

提前备餐

我专门写过两本关于"提前备餐"的书,现在很多读者都成了"提前备餐"的拥趸者。

一次做出几天的饭菜并分成小份备用,既省钱又方便,关键瘦身的效果还很明显,爱上它的理由还不够充分吗?

虽然一下子要做出5次以上的分量,从备菜到烹饪,确实要花上一些时间,但做好的饭菜想吃的时候只要加热一下就能马上吃到,非常方便,从一定程度上也有效减少了外出就餐的频率。

粥、饭、沙拉、肉菜、凉菜等,我们每周都可以变着花样制定不同的饮食计划。既能吃到好吃的,还能减肥,要不要赶紧来试试?

减脂炸鸡饭 （5次量）

　　甜辣酥脆的韩式炸鸡饭有一种让人上瘾的魔力。在特别想吃它的日子里，不妨尝试一下这道菜谱。

　　经过翻炒，味道和营养都更上一层楼的番茄以及番茄酱的酸甜味是这道菜的基础味道，辣椒粉和椰枣糖浆的加入则使甜辣的味道更加突出，"有点辣，又不是那么辣"，恰到好处地刺激味蕾，可以完全满足你想吃韩式炸鸡的欲望。

194

材 料

- ☐ 番茄　2个
- ☐ 尖椒　3个
- ☐ 即食鸡胸肉　420克
- ☐ 迷你杏鲍菇　150克
- ☐ 糙米饭　450克
- ☐ 番茄酱　3勺
- ☐ 辣椒粉　1勺
- ☐ 椰枣糖浆（或蜂蜜、低
   聚糖）2勺
- ☐ 橄榄油　1勺

1 番茄切小块，尖椒切碎，鸡胸肉和杏鲍菇撕成条。

2 热锅中倒入橄榄油，先放入番茄和尖椒翻炒，再放入鸡胸肉和蘑菇继续翻炒。

3 倒入米饭搅匀，加入番茄酱、辣椒粉、椰枣糖浆，翻炒均匀。

4 将炒饭分装在5个饭盒中，每份大概290克。一两天内食用的分量放入冰箱冷藏，其余的冷冻保存。

蟹肉鸡蛋韭菜粥 （5次量）

　　鸡蛋、豆腐、蟹肉棒、韭菜、香油……光听到这些用料的名字是不是就已经开始咽口水了？这些都是平时很方便就能买到的食材，放进锅里煮一煮，吃起来跟外面粥店卖的营养粥没什么分别。

　　一次多煮些，吃的时候拿一份出来，简单加热就能马上入口。不但方便快捷，还容易消化，而且热乎乎吃下去胃里也很舒服。

材 料

- ☐ 蟹肉棒 5个
- ☐ 鸡蛋 3个
- ☐ 豆腐 1盒（300克）
- ☐ 杂粮饭 450克
- ☐ 胡萝卜 1根（250克）
- ☐ 大葱 35厘米（250克）
- ☐ 韭菜 120克
- ☐ 水 3杯
- ☐ 酱油 3勺
- ☐ 香油 3勺
- ☐ 橄榄油 1勺

胡萝卜
用手动搅碎机切碎
更省事。

1 胡萝卜切碎，大葱切葱花，韭菜切成2厘米小段。

2 蟹肉棒去掉外层塑料纸，撕成条状，豆腐先稍微碾几下再切成小块。

3 热锅中倒入橄榄油，先炒香葱花，然后放入胡萝卜翻炒。

4 放入豆腐、米饭、蟹肉棒、鸡蛋，倒入水，边煮边搅拌，防止粘锅。

5 倒入韭菜，稍微翻炒几下，放酱油和香油搅匀即可出锅。

6 分装在5个饭盒中，每份大约380克。一两天内食用的分量放入冰箱冷藏，其余的冷冻保存。

土豆鸡蛋沙拉（5次量）

　　从小爱到大的土豆沙拉，现在因为减脂不敢多吃，于是自己开发了相对健康的烹饪方法。煮熟的土豆和鸡蛋里放入蟹肉棒，可以让口感更加丰富。我大胆地"抛弃"了蛋黄酱，用无糖芥末来代替，好吃又不腻。一次多做一些，可以和各种食物搭配食用。

材料

- ☐ 土豆　5个（500克）
- ☐ 鸡蛋　10个
- ☐ 蟹肉棒　4根
- ☐ 胡萝卜　1/2根（100克）
- ☐ 洋葱　1/2个（150克）
- ☐ 尖椒　2个
- ☐ 黄芥末　5勺
- ☐ 欧芹粉　少许
- ☐ 醋　1/2勺
- ☐ 盐　1/2勺

1　土豆煮熟，撕掉外皮。

2　鸡蛋放入醋盐水中煮至少10分钟至完全成熟，捞出后过凉水，剥皮待用。

3　将土豆和鸡蛋放在大碗里，用勺子或压泥器压成泥。

用手动搅碎机更省事。

4　蟹肉棒切碎，胡萝卜、洋葱和尖椒打碎。

5　步骤3的土豆鸡蛋泥里放入切碎的蔬菜、蟹肉棒、黄芥末和欧芹粉，混合搅拌均匀。

可以抹在全麦薄脆饼或全麦面包上当作午餐。

6　分装在5个饭盒中，每份大约280克。一两天内食用的分量放入冰箱冷藏，其余的冷冻保存。

鸡胸肉橙子蔬菜沙拉（5次量）

　　想吃爽口且水分足的沙拉时，可以用鸡胸肉和橙子来做一道蔬菜水果沙拉。光用橙子也未尝不可，但如果能再加一些其他口感脆甜、颜色丰富的蔬菜，不但好看，吃起来口感也能更加丰富有层次。可搭配全麦面包或墨西哥薄饼当作午餐。

材 料

- 即食鸡胸肉　420克
- 橙子　2个（290克）
- 番茄　1个（190克）
- 黄彩椒　2/3个（100克）
- 黑橄榄　5个
- 黄瓜　1根
- 尖椒　3个
- 香菜（或苏子叶）　10克
- 胡椒粉　少许
- 柠檬汁　2勺
- 盐　1/3勺
- 橄榄油　3勺

1 黄瓜纵向对半切开，去籽，切小块。尖椒和香菜切碎。

2 橙子、番茄、黄彩椒切小块，黑橄榄切薄片。

3 鸡胸肉撕成条。

如果即食鸡胸肉本身带有盐分，也可以不额外放盐。

4 将所有材料放在一个大碗中，充分混合均匀。

可搭配全麦薄脆或全麦面包一起吃。

5 放在一个大饭盒中冷藏保存，尽量在四五天内吃完。

201

三色鹰嘴豆泥（5次量）

早餐 午餐 零食

　　鹰嘴豆是豆类食物中蛋白质含量相对高的一种，而且没有任何豆腥味，即使不爱吃豆类食物的人也可以完全接受。

　　将鹰嘴豆煮熟做成鹰嘴豆泥，可以用切成条的蔬菜蘸着吃，也可以夹在三明治里作为馅料。

　　大家可以尝试用各种不同颜色的粉末和蔬菜做出各有特色的鹰嘴豆泥。

材料

- ☐ 煮熟的鹰嘴豆（或鹰嘴豆罐头） 3杯（360克）
- ☐ 甜菜头粉 1/4勺
- ☐ 黑芝麻 2勺
- ☐ 芝麻 3勺
- ☐ 大蒜 1瓣
- ☐ 橄榄油 5勺
- ☐ 孜然粉 1/3勺
- ☐ 花生酱 1勺
- ☐ 柠檬汁 1勺
- ☐ 燕麦牛奶（或无糖豆浆） 1/2杯

1 平底锅中倒入芝麻，小火慢慢炒至褐色。

2 搅拌机里放入鹰嘴豆、芝麻、大蒜、橄榄油、孜然粉、花生酱、柠檬汁和少量燕麦奶搅成糊状。注意燕麦奶要逐量添加。

用搅拌机更方便。

剩下的那份就是原味鹰嘴豆泥了。

3 将搅好的鹰嘴豆泥分成3份，其中1份里倒入甜菜头粉继续搅打成甜菜头鹰嘴豆泥。

4 另1份鹰嘴豆泥和黑芝麻混合搅打成黑芝麻鹰嘴豆泥。

可以用各种蔬菜切成条蘸着吃，也可以夹在三明治里，还可以抹在面包上。

5 分装在5个饭盒中，每份大约260克。两三天内食用的分量放入冰箱冷藏，其余的冷冻保存。

番茄麻婆豆腐 (5次量)

 早餐 午餐

    在减脂期去中餐馆吃饭是个略微"大胆"的选择，我一般会点高蛋白的麻婆豆腐"聊以安慰"。

    如果在家做麻婆豆腐，我会少放一些盐，从而减少钠的摄入，同时多放豆腐和肉馅来补充动植物蛋白质。用料中的番茄可以增加甜味，辣椒粉用来提香，"咕嘟咕嘟"煮一锅，光是看着锅里冒出来的热气就很治愈。

材　料

- ☐ 豆腐　1盒（300克）
- ☐ 猪肉馅（后腿肉、里脊肉等部位）400克
- ☐ 洋葱　1个（250克）
- ☐ 大葱　17厘米（60克）
- ☐ 香葱　13厘米（10克）
- ☐ 番茄酱　4勺
- ☐ 蜂蜜　2勺
- ☐ 青阳辣椒粉　1½勺
- ☐ 蒜末　1勺
- ☐ 低聚糖（或蜂蜜）2勺
- ☐ 水　2½杯
- ☐ 橄榄油　1勺

1　洋葱切片后再横向切一刀，大葱和香葱切碎，豆腐切小块。

若觉得辣度不够，可以增加辣椒粉用量。

2　番茄酱、蜂蜜、辣椒粉、蒜末、低聚糖、1/2杯水混合搅拌均匀。

3　热锅中倒入橄榄油，炒香大葱和洋葱。

4　倒入猪肉馅炒至变色，加入步骤2的酱汁、2杯水和豆腐，煮约15分钟。

分装后再撒香葱。

5　分装在5个饭盒中，每份大约245克。一两天内食用的分量放入冰箱冷藏，其余的冷冻保存。每次吃的时候搭配100克糙米饭即可。

胡萝卜甜菜头拉佩（6次量）

 凉拌菜

　　这是一道由两种根茎类蔬菜——胡萝卜和甜菜头制成的佐餐小菜。灵感来自于以味道佳和食用搭配范围广而著称的人气食品——胡萝卜拉佩。

　　大家都知道甜菜头对身体有好处，但常常不知道应该怎么吃它。我把它和胡萝卜放在一起做成类似沙拉的拉佩，既可以当成咸菜吃，也可以夹在三明治里吃，非常方便。

材 料

- ☐ 胡萝卜　2个（380克）
- ☐ 甜菜头　1/2根（100克）
- ☐ 橄榄油　3勺
- ☐ 柠檬汁　6勺
- ☐ 低聚糖（或蜂蜜）　2勺
- ☐ 香草盐　2/3勺
- ☐ 胡椒粉　少许

用多功能切菜器切丝比较省事。甜菜头也可以不去皮，带皮吃营养更丰富。

1　甜菜头去皮切细丝，胡萝卜也切细丝。

2　将胡萝卜丝、甜菜头丝、橄榄油、柠檬汁、低聚糖、香草盐和胡椒粉放在一个大碗中，混合搅拌均匀。

这道菜冷藏后更好吃。可以夹在P.160介绍的全麦鸡蛋三明治里一起吃。

3　放在冰箱里最多能保存一周。可以夹在三明治里面吃，也可以代替泡菜或咸菜当作佐餐小菜。

油炸鸡胸肉饼（5次量）

用生鸡胸肉做出来的炸肉饼，味道真的不输饭馆。

将脂肪含量低的鸡胸肉和全麦面包、杏仁、配菜等充分搅碎揉成肉饼，烤或煎都可以。不用额外调味也很好吃，而且油也放得少，吃起来既没有心理负担，也没有肠胃负担。

材料

- ☐ 生鸡胸肉　4块（450克）
- ☐ 全麦面包　4片
- ☐ 鸡蛋　2个
- ☐ 大蒜　4瓣
- ☐ 尖椒　3个
- ☐ 胡萝卜　1/2根（105克）
- ☐ 杏仁　24个
- ☐ 苏子叶　5片
- ☐ 橄榄油　少许

1 鸡胸肉剁成肉泥。

2 面包片放入搅拌机搅碎。

3 搅拌机里放入大蒜、尖椒、胡萝卜和杏仁搅打均匀，然后放入苏子叶再搅打一次。

4 将步骤3的蔬菜碎、步骤1的鸡肉泥、一半的面包碎和2个鸡蛋放入大碗中，混合搅拌成团，分成5份，揉成扁圆的小饼，滚入剩余的面包碎里，确保全都裹上一层面包碎。

也可以往平底锅里倒橄榄油，将肉饼压得再薄一些，两面煎至金黄，熟透后盛出。

5 放入空气炸锅，喷少许橄榄油，200℃烤10分钟，之后翻面再烤10分钟。

可以蘸黄芥末、是拉差辣酱或炸猪排酱吃。

6 一两天内食用的分量放入冰箱冷藏，其余的冷冻保存。吃的时候拿出来一个，放进空气炸锅加热后食用即可。

青酱奶酪炒饭（5次量）

　　普通炒饭因为加了1勺罗勒青酱而迅速升级。滑嫩的炒蛋和培根搭配在一起本身已经很好吃，再加上西蓝花、尖椒和大蒜，使得炒饭的整体味道得到全方位提升。吃之前撒一点儿马苏里拉奶酪，放进微波炉加热至奶酪化开，看起来更漂亮，吃起来也更好吃。

材料

- ☐ 鸡蛋 4个
- ☐ 糙米饭 450克
- ☐ 培根 200克
- ☐ 西蓝花 180克
- ☐ 尖椒 4个
- ☐ 大蒜 4瓣
- ☐ 罗勒青酱 2勺
- ☐ 胡椒粉 少许
- ☐ 马苏里拉奶酪 60克
- ☐ 橄榄油 2½勺

1 培根、西蓝花切小块，尖椒切碎，大蒜切片。

2 鸡蛋打散，热锅中倒入1/2勺橄榄油晃匀，倒入蛋液，等蛋液凝固成形后，转中火，用筷子快速将鸡蛋打散，做成西式炒蛋。

3 热锅中倒入2勺橄榄油，先放入大蒜和尖椒炒香，再放西蓝花、培根和米饭，翻炒均匀。

4 放入炒蛋、罗勒青酱、奶酪，撒入胡椒粉，快速翻炒均匀即可出锅。

5 分装在5个饭盒中，每份大约210克。一两天内食用的分量放入冰箱冷藏，其余的冷冻保存。

牛肉娃娃菜燕麦粥（5次量）

这次我们用有益健康的非精致碳水化合物快熟燕麦，搭配高蛋白低脂肪的牛肉，煮一道粥。除了燕麦和牛肉，里面还有加热后维生素也不易流失的娃娃菜、维生素含量超高的彩椒，以及用来调味的紫苏粉和香油，既有营养又美味。

材 料

- 牛肉（牛后腿肉） 500克
- 快熟燕麦 170克
- 尖椒 3个
- 红彩椒 2/3个（80克）
- 黄彩椒 2/3个（80克）
- 娃娃菜 300克
- 香油 3勺
- 香草盐 1/2勺
- 紫苏粉 3勺
- 水 4½杯
- 橄榄油 1勺

建议用脂肪较少的牛后腿肉或牛臀肉。

1 尖椒和彩椒切碎，娃娃菜逐片掰下，切小块。

2 牛肉切成粗肉末。

3 热锅中倒入橄榄油，放入尖椒、娃娃菜、彩椒和牛肉，翻炒均匀。

4 加水和燕麦，边煮边搅拌，防止粘锅，煮到微微冒泡。

5 关火，倒香油，撒香草盐和紫苏粉搅拌均匀。

6 分装在5个饭盒中，每份大约320克。一两天内食用的分量放入冰箱冷藏，其余的冷冻保存。

鸡蛋蟹肉蔬菜沙拉 (3次量)

　　沙拉大都做法简单，但摆上桌以后却最容易被先吃光。

　　我的这道沙拉杯稍微调整了一下用料配比，大家可以一次多做几份，想吃的时候随时拿出来吃。鸡蛋和蟹肉棒提供蛋白质，贝贝南瓜提供碳水化合物，新鲜蔬菜提供膳食纤维，可以说营养非常全面。吃的时候用橄榄油或油醋汁简单调味，是一道非常快手的沙拉。

材 料

- ☐ 鸡蛋 6个
- ☐ 贝贝南瓜 1个（300克）
- ☐ 蟹肉棒 6根
- ☐ 黑橄榄 9个
- ☐ 圣女果 30个
- ☐ 罗马生菜叶 15片
- ☐ 醋 1/2勺
- ☐ 盐 1/2勺

1 生菜叶洗净沥干，切成适口大小。

2 鸡蛋放入醋盐水中煮10分钟以上至完全成熟，捞出后过凉水，剥皮备用。

3 南瓜切开，处理干净瓜瓤，切成小块，放入空气炸锅，200℃烤10分钟。

4 蟹肉棒切小块，黑橄榄切薄片。

> 用鸡蛋切片器更省事，可在网上或大型超市里买到。

> 按照膳食纤维、蛋白质、碳水化合物的顺序吃，既有利于控制血糖，也能更快产生饱腹感。

> 可以放一些油醋汁等以橄榄油为主要原料的调味料。

5 鸡蛋切薄片。

6 按照南瓜、鸡蛋、蟹肉棒、黑橄榄、生菜叶、圣女果的顺序依次放入密闭容器中，盖好盖子放进冰箱冷藏，尽量在3天内吃完。

低盐鸡蛋杏鲍菇炖菜（6次量）

韩国人的下饭菜酱鸡蛋炖菜现在也可以用来做"提前备餐"了。

我的做法区别在于，一是少放盐，二是加杏鲍菇和蔬菜一起炖，直到炖出肉汤的味道。洋葱汁可以简单快速地让炖菜味道更加浓郁纯正，一定要记得放。

做法超级简单的韩式"Meal prep"快速达成！冰箱里有了它，心里莫名觉得踏实了许多。

材 料

- ☐ 鸡蛋　12个
- ☐ 迷你杏鲍菇　200克
- ☐ 白萝卜　300克
- ☐ 大葱　20厘米（75克）
- ☐ 尖椒　3个
- ☐ 大蒜　7瓣
- ☐ 水　3杯
- ☐ 洋葱汁　2袋（200毫升）
- ☐ 酱油　4勺
- ☐ 蜂蜜　2勺
- ☐ 盐　1/2勺
- ☐ 醋　1/2勺

1 鸡蛋放入醋盐水中煮10分钟以上至完全成熟，捞出后过凉水，剥皮备用。

2 杏鲍菇和白萝卜切小块，大葱和尖椒切小段。

若没有洋葱汁，可以用1/2个洋葱代替。

3 将白萝卜、大蒜、杏鲍菇、尖椒、洋葱汁和水倒入锅中煮开，之后放酱油、蜂蜜、大葱和鸡蛋，煮至少10分钟。

4 盛出后完全放凉，两三天内食用的分量放入冰箱冷藏，其余的冷冻保存。每次吃的量大约是2个鸡蛋及一些杏鲍菇和蔬菜，再搭配100克杂粮饭就足够了。

鸭肉菜花温沙拉（5次量）

 晚餐

　　这道沙拉的口感特别丰富。有嚼劲的熏鸭肉、嫩滑的炒蛋、甜滋滋的玉米粒、和米饭口感相似的低碳食物菜花、脆爽的圆白菜和辣椒等各种味道和口感混合在一起，每吃一口，嘴里都像在开派对。不但味蕾得到满足，搭配肉菜一起吃，饱腹感也足足的。

材料

- ☐ 熏鸭肉 450克
- ☐ 鸡蛋 3个
- ☐ 洋葱 1/2个（120克）
- ☐ 尖椒 3个
- ☐ 圆白菜 200克
- ☐ 冷冻菜花（或切碎的西蓝花） 200克
- ☐ 有机玉米粒罐头 5勺
- ☐ 黑胡椒粉 少许
- ☐ 橄榄油 1⅓勺

1 洋葱和尖椒切碎，圆白菜切成适口大小。

2 鸡蛋打散，热锅中倒入1/3勺橄榄油晃匀，倒入蛋液，等蛋液凝固成形后，转中火，用筷子快速将鸡蛋打散，做成西式炒蛋。

> 冷冻菜花可以在超市或网上购买。从冷冻层拿出来可以直接用。如果买不到，可以用切碎的西蓝花代替。

3 熏鸭肉放入开水中焯烫一会儿，捞出沥干，切成适口大小。

4 热锅中倒入1勺橄榄油，放入熏鸭肉、洋葱、尖椒、菜花、圆白菜和玉米粒，翻炒均匀。

5 关火，倒入炒蛋，撒黑胡椒粉，混合搅拌均匀。

6 分装在5个饭盒中，每份大约230克。一两天内食用的分量放入冰箱冷藏，其余的冷冻保存。

PART 7

零食

减脂期除了一日三餐就不能吃别的吗？当然不是。

为了让大家在减脂期也能吃到甜甜的小零食，感觉饿的时候有东西能垫垫肚子，生理期前后食欲旺盛的时候不至于暴饮暴食，我开发出了各种零食食谱。

饼干、布朗尼、面包、派等烘焙类食品，以及坚果泥、脱水蔬菜干、冰激凌、蛋白棒等，都是对减脂人士友好的能量美食。

做法全部超级简单，烹饪新手也能"零失败"搞定。

木斯里曲奇饼干

　　通过我的社交网站被大家所熟知的木斯里曲奇饼干，是一款容易让人上瘾的瘦身饼干。香蕉和木斯里中的坚果散发着甜甜的香气，表面酥脆内里有嚼劲的口感让你体会到咀嚼的乐趣。做法简单又健康，建议大家一定要试试看。

材 料

- ☐ 香蕉　1根
- ☐ 木斯里　2杯（120克）
- ☐ 全麦面粉　1勺
- ☐ 鸡蛋　1个
- ☐ 水　2杯
- ☐ 花生酱　1勺
- ☐ 橄榄油　少许

1　香蕉去皮，用勺子碾成泥。

若没有木斯里，可用快熟燕麦和坚果代替。若不喜欢香蕉，可换成红薯或小南瓜。

2　香蕉泥中加入木斯里、全麦面粉、鸡蛋和水，搅拌均匀后加入花生酱，搅匀成团。

3　空气炸锅底部垫油纸，喷两三遍橄榄油。

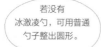

若没有冰激凌勺，可用普通勺子整出圆形。

4　用冰激凌勺挖成小球，放在油纸上。

也可以用微波炉加热3分钟，但口感更像面包，不像饼干。

5　空气炸锅设置170℃，烤10分钟，翻面再烤10分钟即可。

马克杯布朗尼（2次量）

 早餐 午餐 零食

　　向大家介绍一款有助于清理肠道的巧克力甜点——马克杯布朗尼。

　　用美味的燕麦代替面粉，搭配富含膳食纤维、多酚、维生素A、维生素C、维生素E的西梅。软糯的口感，恰到好处的自然甜是其最吸引人的地方。

　　用微波炉加热就可以快速做好，上面再点缀些希腊酸奶和水果，完全可以媲美外面甜品店的甜点。

材料

- [ ] 快熟燕麦　30克
- [ ] 鸡蛋　2个
- [ ] 花生酱　1勺
- [ ] 可可粉　2勺
- [ ] 可可粒　1勺
- [ ] 油莎豆粉　1勺
- [ ] 低脂牛奶（或无糖豆浆）
      1/3杯
- [ ] 西梅干　10个
- [ ] 草莓　1个
- [ ] 希腊酸奶　1勺
- [ ] 橄榄油　少许

1 西梅干切碎，草莓去掉柄和叶子，对半切开。

2 将燕麦、鸡蛋、花生酱、可可粉、可可粒（留少许装饰用）、油莎豆粉、牛奶和西梅干碎放在碗里，充分搅拌成团。

圆形杯底方便最后脱模。加到2/3处是为了防止加热后溢出。

3 马克杯中涂一层橄榄油，将混合物倒进杯子至2/3处，放在桌上磕两三下，震出空气。

4 放入微波炉加热2分钟，稍微静置降温后再热2分钟，拿出来倒扣在盘子里，上面抹一层厚厚的希腊酸奶，再用草莓和可可粒做点缀即可。

烤莲藕

富含维生素和膳食纤维的莲藕是口感脆甜的根茎类蔬菜。用烟熏辣椒粉、香草盐和松露油为莲藕调味后烤一烤，就是嘴里感觉无聊时的最佳零食。就连不喜欢莲藕的人都会爱上它。

🥗 材　料

- ☐ 熟莲藕　150克
- ☐ 烟熏辣椒粉（或咖喱粉）　1/3勺
- ☐ 香草盐　1/5勺
- ☐ 松露油（或橄榄油）　1/3勺

如果是生的莲藕，要先去皮，切成5毫米厚的薄片，放在滴有少许食醋的水里浸泡15分钟后捞出沥干备用。

如果没有烟熏辣椒粉，也可用咖喱粉代替，或者再多加1/5勺香草盐。

1　熟莲藕先用清水冲洗干净，泡在水里15~20分钟，捞出沥干。

2　将莲藕、烟熏辣椒粉、香草盐和松露油放在保鲜袋里扎紧，反复摇晃至混合均匀。

3　放入空气炸锅，160℃烤10分钟，翻面再烤10分钟，拿出放凉即可。

低碳苹果派

　　苹果、花生酱、希腊酸奶的组合，听起来跟普通的酸奶杯差不多。其实区别就在于，即便是用同样的食材，我们也要在制作方法和摆盘上有所创新。脆甜的苹果切片，抹上香甜的花生酱和希腊酸奶，再加上各种坚果作为装饰，造型漂亮，饱腹感强，完全可以作为招待客人的"保留"菜单。

材　料

- ☐ 苹果　1/3个（130克）
- ☐ 花生酱　1勺
- ☐ 希腊酸奶　1勺
- ☐ 夏威夷果　17个
- ☐ 碧根果　12个
- ☐ 水果干　25克
- ☐ 可可粒　1/2勺
- ☐ 火麻仁　1/2勺
- ☐ 肉桂粉　少许

1　从苹果中间部分切出4片，每片大概7毫米厚。

2　2片苹果抹花生酱，另2片苹果抹希腊酸奶。

3　上面按个人喜好摆放各种干果和可可粒。

4　最后撒少许火麻仁和肉桂粉即可。

227

超级简单的蒜香面包（4次量）

　　喜欢蒜味面包的朋友一定要试试这个菜谱！比面包房卖的还好吃，而且还健康。

　　平时我最喜欢蒜香法棍的面包皮部分，又脆又有韧劲儿。所以这次我把蒜泥抹在全麦薄脆饼上后烘烤，这样每一口都是我最喜欢的部分。

材料

- 全麦薄脆饼 80克
- 马苏里拉奶酪 30克
- 无盐黄油 5克
- 蒜末 3勺
- 植物蛋黄酱 1勺
- 蜂蜜 1/2勺
- 欧芹粉 1/2勺

1 无盐黄油用微波炉加热20秒至化开。

2 黄油中加入蒜末、蛋黄酱、蜂蜜和欧芹粉，搅拌均匀。

3 均匀涂在全麦薄脆饼上，撒马苏里拉奶酪。

如果用微波炉，需要加热1分30秒。

4 放入空气炸锅，180℃烤7分钟即可。

鸡蛋纳豆泥

很多朋友把这道菜作为吃"入门门槛"比较高的纳豆的入门菜。

我在社交网站上还给它起了个可爱的名字"糟糕又是鸡蛋"。如果当作零食，就用蔬菜条蘸着吃；如果作为正餐，可以多加一个鸡蛋，搭配全麦面包或夹在三明治里吃。

材 料

- ☐ 鸡蛋　1个
- ☐ 纳豆　1袋
- ☐ 洋葱　1/6个（30克）
- ☐ 彩椒　1/4个（30克）
- ☐ 芹菜　40厘米（90克）
- ☐ 黄芥末　2/3勺
- ☐ 植物蛋黄酱　1勺
- ☐ 胡椒粉　少许
- ☐ 醋　1/2勺
- ☐ 盐　1/2勺

芹菜茎太粗的部分可以竖着对半切开，更方便入口。

1 洋葱和彩椒切碎，芹菜切7厘米的段。

2 鸡蛋放在醋盐水中煮10分钟以上至完全熟透，过凉水后剥壳待用。

3 用勺子将熟鸡蛋碾碎。纳豆用筷子充分搅拌。

4 将鸡蛋碎、纳豆、洋葱、彩椒、黄芥末和蛋黄酱放入碗中搅拌均匀。

5 将混合物盛到碗里，撒少许胡椒粉，用芹菜蘸着吃即可。

希腊酸奶水果三明治（2次量）

 早餐 午餐 零食

　　曾经在日本和韩国咖啡厅里风靡一时的水果三明治大家还记得吗？一口咬下去，像棉花一样柔软的奶油和酸酸甜甜的水果充满口腔，心仿佛都要融化了。

　　这次我用希腊酸奶代替奶油，自己在家也可以制作健康的水果三明治了。

材料

- ☐ 全麦面包片　2片
- ☐ 希腊酸奶　100克
- ☐ 草莓　2个
- ☐ 猕猴桃　1/2个
- ☐ 橘子　1/4个

猕猴桃皮中含有的膳食纤维和叶酸比果肉里还要多。

1 草莓去蒂。猕猴桃先在头尾各切一刀，然后对半切开，不用剥皮。橘子掰成2瓣。

2 面包片去掉4条边。

可参考P.021三明治包装法。

3 在1片面包上抹50克希腊酸奶，摆上草莓、猕猴桃和橘子。

4 把剩余的希腊酸奶抹在另1片面包上，2片面包盖在一起，用防油纸包好，对半切开即可。

杏仁酱（8~10次量）

杏仁含有丰富的不饱和脂肪酸，即便是在减脂期，也应该每天食用一定的数量。

杏仁直接吃也很香，嚼起来脆脆的，是解馋的小零食。为了让它的用途更加广泛，我这次把它做成了杏仁酱。

杏仁酱比直接吃杏仁味道好得多，而且还比外面卖的便宜。

材 料

- ☐ 杏仁　2杯（200克）
- ☐ 燕麦奶（或杏仁饮料、无糖豆浆）2勺
- ☐ 橄榄油　3勺
- ☐ 蜂蜜　1勺
- ☐ 盐　1/3勺

可参考 P.235杏仁希腊酸奶三色吐司。

1　将杏仁、燕麦奶、橄榄油、蜂蜜和盐放入搅拌机充分打碎。

2　装入玻璃瓶，放进冰箱可保存1周。抹面包或加到酸奶杯中吃都可以。

杏仁希腊酸奶三色吐司

早餐　午餐 ————————

这次我们用香甜的自制杏仁酱搭配爽口的希腊酸奶制作一款三色吐司。

原味杏仁酱里加入一些甜菜头粉搅拌均匀，不但又多了一种颜色的杏仁酱，营养也更加全面了。

每咬一口都有不同的味道，享受美食的同时也增添了一些小乐趣。

材料

- □ 全麦面包　1片
- □ 杏仁酱　50克（参考P.234）
- □ 甜菜头粉　1/4勺
- □ 希腊酸奶　25克

1 平底锅中放入面包片，煎至两面焦黄。

2 将一半分量的杏仁酱与甜菜头粉混合搅拌均匀，制成甜菜头酱。

3 分别将杏仁酱、甜菜头酱和希腊酸奶一勺一勺抹在面包片上，颜色交叉看起来更漂亮。

纳豆番茄

　　纳豆和三文鱼分别富含植物和动物蛋白，番茄和意大利油醋汁用来提供味觉上的层次感。纳豆和三文鱼里含有的丰富蛋白质可以让我们不管是早餐、晚餐还是零食，都能心情愉悦地饱餐一顿。

　　将它和全麦薄脆饼搭配在一起吃，就更禁饿啦！

材 料

- ☐ 纳豆 1袋
- ☐ 金枪鱼罐头 50克
- ☐ 圣女果 5个
- ☐ 洋葱 1/5个（30克）
- ☐ 黑橄榄 2个
- ☐ 意大利油醋汁 2/3勺
- ☐ 全麦薄脆饼 3个

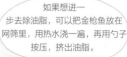

如果想进一步去除油脂，可以把金枪鱼放在网筛里，用热水浇一遍，再用勺子按压，挤出油脂。

1 每个圣女果切4瓣，洋葱切碎，黑橄榄切片。

2 用勺子把金枪鱼罐头里的油脂撇去。

3 纳豆用筷子充分搅拌。

4 将圣女果、洋葱、黑橄榄、金枪鱼、纳豆和意大利油醋汁放在大碗中搅拌均匀。

5 用全麦薄脆饼蘸着吃即可。

燕麦红薯热蛋糕（2人份）

早餐 午餐

　　周末的早上，睡个懒觉起来，做一个燕麦红薯热蛋糕作为早午餐来开启周末的悠闲时光吧。

　　配方里没有面粉，只有燕麦和红薯，既不用担心长胖，热乎乎吃下去胃里也会觉得很舒服。最后用一些水果作为装饰撒在盘子里，看起来就像咖啡厅的蛋糕一样有模有样，关键味道也不输哦！

　　也可以提前煎好，在繁忙的工作日早上拿一块当作早餐。

材 料

- 即食麦片　30克
- 红薯　1个（180克）
- 鸡蛋　2个
- 蓝莓　11个
- 草莓1个
- 椰枣糖浆（或蜂蜜、低聚糖）　1勺
- 肉桂粉　少许
- 椰子油（或橄榄油）　1勺

1　蓝莓洗净，草莓去蒂切丁。

2　燕麦用搅拌机打碎。

3　红薯去皮放入碗中，倒入1勺水，封保鲜膜，在保鲜膜上扎几个小孔，放在微波炉加热2分钟。

4　熟透的红薯用叉子碾碎。鸡蛋打散。

5　将干的燕麦、碾碎的红薯和蛋液放在碗中搅拌成团。

6　热锅中倒入椰子油，将混合物整成圆形小饼，两面煎成金黄色。

7　摆盘，淋上椰枣糖浆，撒肉桂粉，用草莓和蓝莓装饰即可。

山药冰棍（6次量）

　　山药中含有的黏蛋白成分虽然对身体有益，但这种黏液黏糊糊的，会有很多人不喜欢。所以我尝试用它和香蕉、无糖豆浆混合，做成了人人都爱的冰棍。模具里可以加入各种应季水果，夏天随时来一根，真是太幸福啦！

材料

- [ ] 山药　100克
- [ ] 香蕉　1根
- [ ] 蓝莓　10个
- [ ] 草莓　2个
- [ ] 猕猴桃　1/2个
- [ ] 无糖酸奶　100克
- [ ] 低聚糖　2勺

1 蓝莓洗净沥干，草莓切片，猕猴桃去皮切片。

2 香蕉去皮。

3 将山药、香蕉、酸奶、低聚糖放入搅拌机充分打碎，制成奶昔。

4 冰棍模具中先分别放入草莓、蓝莓和猕猴桃，然后把奶昔倒进去，冷冻6小时以上即可。

自制蛋白棒 （8次量）

我特别喜欢吃味道甜滋滋的蛋白棒，每次运动过后都会买来吃。但是外面卖的蛋白棒价格有点贵，所以我开始琢磨能不能自己做。结果大获成功！各种健康的粉类搭配木斯里、干果、对身体有益的糖分和水果，成品简直比外面卖的还好吃。

现在每次运动过后都能用自制蛋白棒来补充蛋白质啦！

材料

- ☐ 蛋白粉（或杂粮粉）100克
- ☐ 杏仁粉　70克
- ☐ 无糖可可粉　2勺
- ☐ 火麻仁　3勺
- ☐ 木斯里　50克
- ☐ 杏仁片　20克
- ☐ 碧根果　8个
- ☐ 低聚糖　50毫升
- ☐ 椰子油　60毫升
- ☐ 无糖豆浆　30毫升

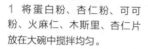

椰子油的作用是使蛋白棒凝固变硬，必须要放。

1 将蛋白粉、杏仁粉、可可粉、火麻仁、木斯里、杏仁片放在大碗中搅拌均匀。

2 先倒入一半的低聚糖、椰子油和无糖豆浆至步骤1的混合物中，搅拌均匀后再把另一半倒进去，继续充分搅拌至成团。

3 长方形烤盘里垫一张油纸，将面团平铺在烤盘中，使劲压实，把碧根果间隔插在面团里作为装饰。

4 放进冰箱冷藏至少1小时，至面团完全变硬后拿出，分成8份食用。吃不了的放入冷冻室保存即可。

花生酱苹果派（8次量）

有了超市里卖的全麦薄脆饼，谁都可以随时变身为烘焙小能手。

把全麦薄脆饼打碎做成饼坯非常方便。本身带有甜味的苹果可以代替糖，而且烤好以后会更甜。花生酱既好吃，口感又有层次，而且还能提供满满的饱腹感。

不过，千万不要因为好吃就一下子吃很多哦！答应我，每次只能吃一块！

- [ ] 苹果　1/2个(125克）
- [ ] 全麦薄脆饼　150克
- [ ] 鸡蛋　3个
- [ ] 椰子油（或橄榄油）
　　4½勺
- [ ] 花生酱　4勺

1　苹果带皮切薄片，鸡蛋打散备用。

2　全麦薄脆饼用搅拌机充分打碎。

3　将薄脆饼碎、4勺椰子油和花生酱混合搅拌，然后逐量加入蛋液，继续搅拌至成团。

4　用1/2勺椰子油将派盘涂抹一遍，把一半的派皮混合物铺在派盘中压实，上面摆入一半量的苹果片。

5　再加入剩余的派皮混合物涂抹均匀，并把其余苹果片摆成花形。

6　放入空气炸锅，180℃烤13分钟。拿出后脱模，翻面再放入空气炸锅烤10分钟。

7　放在冰箱或阴凉处冷却，切成8等份。吃不了的放冰箱冷藏即可。

肉桂可可麦芬 (3~6次量)

　　想吃松软的可可麦芬时，可以做一份健康版的肉桂可可麦芬来解馋。用蛋白粉代替面粉，再加上打发的蛋清，可以说是一款蛋白质含量非常丰富的小点心了。

　　当正餐吃的话可以一次吃两三个，当零食吃就一定要有节制，一次只能吃一个。

材料

- ☐ 木斯里　2杯（120克）
- ☐ 蛋白粉（或杂粮粉）
　50克
- ☐ 碾碎的碧根果　45克
- ☐ 无糖可可粉　1勺
- ☐ 肉桂粉　2勺
- ☐ 花生酱　1勺
- ☐ 低聚糖　3勺
- ☐ 盐　1/4勺
- ☐ 蛋清　200毫升
- ☐ 碧根果　6个
- ☐ 坚果和水果干　少许

1　将木斯里、蛋白粉、碾碎的碧根果、可可粉、肉桂粉、花生酱、低聚糖和盐放在大碗中，充分搅拌均匀。

用筷子顺着一个方向不停搅打，打发至筷子可以立住不倒。

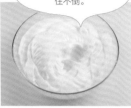

2　蛋清打发。

注意手法要轻，以免消泡。

3　将蛋清倒入步骤1的混合物中，一边转碗一边用刮刀轻轻翻拌均匀。

用木斯里本身带有的坚果和水果干作为装饰最为方便。如果没有硅胶模具，纸杯中涂油烘烤也可以。

4　将混合物盛入硅胶模具，上面撒碧根果、干果和水果干。

如果用微波炉，需要加热3分钟。但是用微波炉加热的口感和空气炸锅相去甚远，还是推荐用空气炸锅。

5　放入空气炸锅，160℃烤15分钟。

7天

超级简单易上手的一周食谱

缺乏自信的厨房新手也完全可以掌握的食谱来啦！

用平底锅、微波炉、空气炸锅开启一周的健康美食之旅。一周后，不但身体更加轻盈，还能逐渐体会到烹饪的乐趣。

	早餐	午餐	晚餐
第一天	金枪鱼圆白菜炒饭 第46页	清理冰箱库存大酱粥 第48页	番茄炒蛋燕麦 第118页
第二天	糯米年糕味燕麦杯 第74页	高蛋白咖喱小面包（3个） 第88页	全面健康派（1/2个） 第84页
第三天	全面健康派（1/2个） 第84页	甜咸杯子面包 第78页	嫩豆腐汤味燕麦 第64页
第四天	金枪鱼饭饼 第60页	高蛋白咖喱小面包（3个） 第88页	舀着吃的圆白菜比萨 第66页
第五天	辣椒洋葱吐司 第76页	番茄泡菜炒饭 第98页	茄子嫩豆腐奶油焗饭 第75页
第六天	金枪鱼番茄汤汁意面 第50页	鳗鱼蛋炒饭 第52页	瘦身版调味炸鸡 第72页
第七天	纳豆番茄 第236页	自由餐	鸡肉包饭 第114页

7天

肚子"嗖"地一下就瘪进去的逃离便秘一周食谱

减脂期谁都逃不掉的便秘，现在用我的食谱就可以解决了！

只要按照食谱吃，肚子上的肉会肉眼可见地减少。一边观察自己的身体变化，一边愉快地瘦身吧！

	早餐	午餐	晚餐
第一天	酸奶杯 第142页	长寿拌饭 第122页	海带丝豆腐炒面 第166页
第二天	山药纳豆盖饭 第189页	马克杯布朗尼（1/2个） 第224页	瘦身版豆芽烤肉 第54页
第三天	马克杯布朗尼（1/2个） 第224页	纳豆海带醋盖饭 第176页	鸡胸肉越南米粉沙拉 第102页
第四天	香辣金枪鱼拌饭 第108页	泰式炒魔芋粉 第56页	热熏金针菇比萨 第90页
第五天	燕麦蟹味海带粥 第58页	低盐豆腐羽衣甘蓝包饭 第180页	"鸭梨"沙拉 第124页
第六天	豆渣蘑菇粥 第178页	大酱豆腐拌饭 第188页	羽衣甘蓝面条卷 第154页
第七天	羽衣甘蓝面条卷 第154页	自由餐	番茄天贝意面 第182页

一个月一次！效果明显的生理周期14天食谱

　　从生理期前3天开始补充营养，有效防止因激素变化而导致的食欲增加，并一直持续到生理期结束后的瘦身黄金期。让我们一起来聪明地瘦身吧！

	早餐	午餐	晚餐
第一天	梨吐司 第130页	全麦薄底比萨 第94页	鸡肉红薯蔬菜包饭 第162页
第二天	糯米年糕味燕麦杯 第74页	魔芋炒年糕 第100页	菠菜豆腐炒蛋 第110页
第三天	希腊酸奶水果三明治（1/2个） 第232页	希腊酸奶水果三明治（1/2个） 第232页	减脂拌面 第112页
第四天 *生理期 开始	青葡萄虾仁吐司 第86页	章鱼泡菜粥 第92页	奶油三文鱼排 第63页
第五天	纳豆海带醋盖饭 第176页	苏子叶越南春卷 第144页	瘦身版豆芽烤肉 第54页
第六天	牛肉萝卜汤燕麦粥 第62页	蒜苗猪肉炒饭 第128页	海带丝豆腐炒面 第166页
第七天	熏鸡胸肉泡菜盖饭 第126页	紫菜菜包肉 第138页	番茄天贝意面 第182页

你们也可以做到！

	早餐	午餐	晚餐
第八天 *黄金期开始	鸡蛋蟹肉蔬菜沙拉 第214页	紫苏豆腐奶油意式焗饭 第184页	鸡蛋蟹肉蔬菜沙拉 第214页
第九天	酸奶杯 第142页	香辣金枪鱼拌饭 第108页	鸡胸肉越南米粉沙拉 第102页
第十天	胡萝卜豆腐三明治 第158页	明太鱼燕麦粥 第80页	胡萝卜豆腐三明治 第158页
第十一天	甜咸炒蛋吐司 第106页	长寿拌饭 第122页	咖喱蔬菜面 第190页
第十二天	辣椒洋葱吐司 第76页	凉拌白菜拼盘 第170页	鸡蛋纳豆泥 第230页
第十三天	粗如小臂的墨西哥卷 （1/2个） 第140页	粗如小臂的墨西哥卷 （1/2个） 第140页	菜花炒饭杯 第148页
第十四天	半条彩虹三明治 （1/2个） 第146页	半条彩虹三明治 （1/2个） 第146页	"鸭梨"沙拉 第124页

索引

早餐

午餐